职业教育理实一体化教材

电气控制应用

王进业　蔡文川　主　编

中国纺织出版社有限公司

内 容 提 要

本书以三菱PLC为载体讲解PLC的知识和技能，全书共分为5个项目，前4个项目系统性地介绍PLC的基础知识，循序渐进地讲解PLC的典型应用，最后一个项目是本任务的最终考核项目。项目1 交通灯控制系统搭建。通过搭建PLC控制系统，使学生从PLC的典型应用入手学习PLC的基础知识。项目2 交流电动机控制系统安装调试。通过交流电动机的自锁、点动、正反转、顺序启动等典型应用，循序渐进地学习PLC编程。项目3 自动售货机系统安装调试。项目4 气动机械手人机界面设计调式。项目5 物料提升系统设计实施。通过实际的案例讲解PLC的选型、基础指令，以及PLC调试的流程和方法。

图书在版编目(CIP)数据

电气控制应用 / 王进业，蔡文川主编． -- 北京：中国纺织出版社有限公司，2022.12
职业教育理实一体化教材
ISBN 978-7-5229-0240-1

Ⅰ．①电… Ⅱ．①王… ②蔡… Ⅲ．①电气控制－职业教育－教材 Ⅳ．①TM921.5

中国版本图书馆CIP数据核字（2022）第254037号

责任编辑：张 宏　　责任校对：高 涵　　责任印制：储志伟

中国纺织出版社有限公司出版发行
地址：北京市朝阳区百子湾东里A407号楼　邮政编码：100124
销售电话：010—67004422　传真：010—87155801
http://www.c-textilep.com
中国纺织出版社天猫旗舰店
官方微博 http://weibo.com/2119887771
三河市宏盛印务有限公司印刷　各地新华书店经销
2022年12月第1版第1次印刷
开本：787×1092　1/16　印张：13
字数：255千字　定价：98.00元

凡购本书，如有缺页、倒页、脱页，由本社图书营销中心调换

前 言
Preface

　　本书是针对中等职业学校学生的特点，以学生为主体，以职业能力培养为核心，以工作过程为导向，根据职业岗位技能需求，结合最新的中职学校职业教育课程改革经验，以生产实践中典型的工作任务为项目，采用项目任务和理实一体化的模式编排的。

　　本书以三菱 PLC 为载体讲解 PLC 的知识和技能，全书共分为 5 个项目，前 4 个项目系统性地介绍 PLC 的基础知识，循序渐进地讲解 PLC 的典型应用，最后一个项目是本任务的最终考核项目。

　　项目 1　交通灯控制系统搭建。通过搭建 PLC 控制系统，使学生从 PLC 的典型应用入手学习 PLC 的基础知识。

　　项目 2　交流电动机控制系统安装调试。通过交流电动机的自锁、点动、正反转、顺序启动等典型应用，循序渐进地学习 PLC 编程。

　　项目 3　自动售货机系统安装调试。通过实际的案例讲解 PLC 的选型、基础指令，以及 PLC 调试的流程和方法。

　　项目 4　气动机械手人机界面设计调试。通过介绍触摸屏相关的知识，安装调试气动机械手，使学生掌握 PLC 典型工作任务的安装、编程、调试过程。

　　项目 5　物料提升系统设计实施。该项目使学生按项目要求进行产品选型，对部分程序功能、接口、界面进行设计，最终完成 PLC 物料提升机构的安装调试工作。

　　每个项目由浅入深、循序渐进、理实结合，注重学生的知识结构、思维能力、编程技能等综合素质的培养。

编　者
2022 年 10 月

目 录
Contents

项目 1　交通灯控制系统搭建 ·· 1

任务 1　PLC 的认知 ·· 1

实训 1　PLC 控制系统认知 ·· 7

任务完成报告 ·· 9

任务 2　PLC 简单控制系统认知 ··· 10

实训 2　PLC 交通灯控制系统搭建 ··· 16

任务完成报告 ·· 17

项目 2　交流电动机控制系统安装调试 ································ 19

任务 1　电动机自锁控制 PLC 程序设计 ··· 20

实训 3　电动机点动控制 PLC 程序设计 ··· 46

实训 4　电动机自锁控制 PLC 程序设计 ··· 46

任务完成报告 ·· 47

任务 2　电动机正反转 PLC 控制系统安装调试 ···································· 48

实训 5　PLC 控制三相异步电动机正反转安装接线配盘 ······················ 69

任务完成报告 ·· 70

任务 3　两台电动机顺序启动 PLC 程序设计及调试 ····························· 71

实训 6　两台电动机顺序启动 PLC 程序设计及调试……………………80

任务完成报告…………………………………………………………81

项目 3　自动售货机系统安装调试……………………………………83

任务 1　自动售货机系统介绍………………………………………84

任务完成报告…………………………………………………………88

任务 2　PLC 选型……………………………………………………89

任务完成报告…………………………………………………………99

任务 3　编程指令认识………………………………………………100

实训 7　PLC 常用指令编程…………………………………………107

任务完成报告…………………………………………………………108

任务 4　PLC 的编程调试……………………………………………109

实训 8　PLC 控制自动售货机系统…………………………………114

任务完成报告…………………………………………………………116

项目 4　气动机械手人机界面设计调试………………………………117

任务 1　触摸屏认识…………………………………………………118

实训 9　触摸屏接线…………………………………………………125

任务完成报告…………………………………………………………126

任务 2　触摸屏编程…………………………………………………127

实训 10　触摸屏控制指示灯编程……………………………………146

任务完成报告…………………………………………………………147

任务 3　PLC 与触摸屏通信…………………………………………148

实训 11　PLC 与触摸屏通信…………………………………………152

任务完成报告…………………………………………………………153

任务 4　PLC 控制气动机械手配盘 ·· 154

实训 12　PLC 气动机械手抓取物料系统安装调试 ····························· 154

任务完成报告 ·· 155

项目 5　物料提升系统设计实施 ·· 157

任务 1　物料提升机构机械安装调试 ·· 158

任务完成报告 ·· 175

任务 2　物料提升机构电气安装调试 ·· 176

任务完成报告 ·· 200

项目 1 交通灯控制系统搭建

整个工业革命发展进程中,特别是进入电气时代以来,工业生产对自动化的需求不断催生着各种自动化产品的出现,PLC 作为可以灵活编程并应用于不同自动化需求的一种产品,在工业自动化应用中发挥着极其重要的作用。

本项目主要以认识 PLC 为主要内容,以完成 PLC 交通灯控制系统的搭建为任务要求。首先,认识 PLC,了解其历史发展、应用领域,理解 PLC 的结构及其工作原理。然后,利用交通灯控制系统,进一步理解 PLC 的功能应用与工作原理。

本项目主要分为两个任务:

任务 1 PLC 的认知

本任务的主要内容为认识 PLC,知道 PLC 是什么,它可以用来干什么,并了解 PLC 的发展历程。通过对 PLC 实训设备的参观认知,进一步深化认识 PLC 的结构、定义及应用领域。本任务的重点是能够认识 PLC 的特点及应用领域。

任务 2 PLC 简单控制系统认知

本任务要完成 PLC 交通灯控制系统的搭建,能够搭建并实际认识 PLC 的组成结构与工作原理。本任务的重点内容为 PLC 的基本组成结构,难点内容为 PLC 的工作原理。

任务 1 PLC 的认知

本任务主要内容为 PLC 的认识,知道 PLC 是什么,可以用来干什么,了解 PLC 的发展历程。通过对 PLC 实训设备的参观认知,进一步深化认识 PLC 的结构、定义及其应用领域。本任务的重点是能够认识 PLC 的特点及其应用领域。

本任务涉及的主要知识内容为:

PLC 的定义、特点及其发展历史；PLC 广泛应用的领域及其在各领域的作用。

知识目标

1. 掌握 PLC 的定义；
2. 了解 PLC 的特点；
3. 了解 PLC 的发展过程及应用领域。

能力目标

1. 能够掌握并理解 PLC 的定义；
2. 熟悉 PLC 的特点；
3. 熟悉 PLC 的发展及应用领域。

学习内容

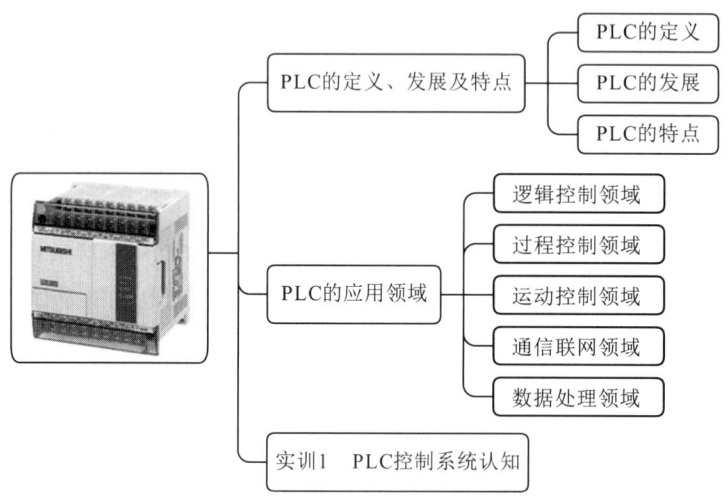

随着社会经济的发展，城市机动车持有量的不断增加，如何缓解城市的交通拥堵状况，交通运输管理和城市规划部门亟待解决的主要问题。城市交通信号控制系统通过有规律地控制和运用交通信号，对城市道路进行交通控制与管理，使机动车辆有秩序地驶离拥堵区域，对城市道路的交通畅通发挥重要作用。十字路口的交通信号控制系统是城市交通信号控制系统的基本组成部分，PLC 控制成为交通运输管理中最坚实的后盾。

PLC 交通灯控制系统主要包括 PLC、传感器、指示灯等。传感器主要用来检测车流量，将检测信号传送到 PLC 控制系统，由 PLC 做出控制并发出指令，进行红、绿、黄指示灯的控制。

> **分组讨论：**
> 生活中常见的十字路口交通信号灯的红、绿、黄指示灯的时间是怎么交替变换的？
> （四人一组进行讨论，将讨论结果写在空白处，讨论时间为 2~4 分钟）

一、PLC的定义、发展及特点

1. PLC 的定义

"可编程控制器（Programmable Logic Controller，PLC）是一种数字运算操作的电子系统，专为在工业环境下应用而设计。它采用了可编程序的存储器，用于在其内部存储执行逻辑运算、顺序控制、定时、计数和算术操作等面向用户的指令，并通过数字式或模拟式的输入/输出，控制各种类型的机械或生产过程。"如图 1-1-1 所示为三菱品牌的 PLC，信号为 FX1N-40MR。

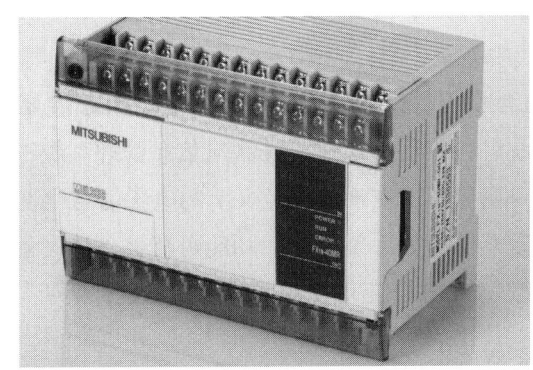

图 1-1-1　FX1N-40MR 实物

2. PLC 的发展

1969 年，美国通用汽车公司为了在每次汽车改型或改变工艺流程时，不改动原有继电器柜内的接线，以便降低生产成本，缩短新产品的开发周期，提出了研制新型逻辑顺序控制装置，并提出了该装置的研制指标要求。

1969 年，美国数字设备公司（DEC 公司）研制出了第一台可编程控制器 PDP-14，在美国通用汽车公司的生产线上试用成功并取得了满意的效果，可编程控制器自此诞生。接着，美国 MODICON 公司也开发出可编程控制器 084。

1971 年，日本从美国引进了这项新技术，很快研制成了日本第一台可编程控制器 DSC-8。

1973 年，西欧国家各自研制出第一台可编程控制器。

1974 年，我国开始研制可编程控制器，于 1977 年开始工业应用。

PLC 的应用在工业界产生了巨大的影响。自第一台 PLC 诞生以来，PLC 共经过了以下 5 个发展时期。

（1）1969 年到 20 世纪 70 年代初期

特点：CPU 由中、小规模数字集成电路组成。存储器为磁芯存储器，控制功能比较简单，能完成定时、计数及逻辑控制。

（2）20 世纪 70 年代初期到末期

特点：CPU 采用微处理器，存储器采用半导体存储器，这样不仅使整机的体积减小，而且数据处理能力获得很大提高；增加了数据运算、传送、比较等功能，实现了对模拟量的控制。

（3）20 世纪 70 年代末期到 80 年代中期

特点：大规模集成电路的发展极大地推动了 PLC 的发展，CPU 开始采用 8 位和 16 位微处理器，使数据处理能力和速度大大提高，PLC 开始具有一定的通信能力，为实现 PLC 分散控制、集中管理奠定了基础。

（4）20 世纪 80 年代中期到 90 年代中期

特点：超大规模集成电路使 PLC 完全计算机化，CPU 开始采用 32 位微处理器，处理速度得到很大提高，计数、中断、PID、运动控制等功能引入了可编程控制器。

（5）20 世纪 90 年代中期至今

进入 21 世纪后，PLC 仍保持旺盛的发展势头，目前 PLC 主要朝两个方向扩展：

一是综合化控制系统。将工厂生产过程控制与信息管理系统密切结合起来，这种发展趋势将带来工业控制的一场变革，实现真正意义上的电子信息化工厂。

二是微型可编程控制器体积如手掌大小。功能可覆盖单体设备及整个车间的控制，并具备联网功能，这种微型化的 PLC 使得控制系统将触角延伸到工厂的各个角落。

3. PLC 的特点

（1）可靠性高，抗干扰能力强

PLC 是专为工业控制而设计的，可靠性高、抗干扰能力强是它的重要特点之一，PLC 的平均无故障间隔时间可达几十万小时。

（2）编程简单，使用方便

PLC 的编程可采用与继电器电路极为相似的梯形图语言，这种语言直观易懂并且深受现场电气技术人员的欢迎。经过近年来的发展，编程更简单方便。

（3）通用性好，组合灵活

PLC 是通过软件来实现控制的。同一台 PLC 可用于不同的控制对象，改变软件就可以实现不同的控制要求，充分体现了灵活性和通用性。

各种 PLC 都有各自的系列化产品，同一系列不同机型的 PLC 功能基本相同，可以互换，还可以根据控制要求进行扩展。

（4）功能完善，适应面广

PLC 不仅具有逻辑运算、计数、定时和算术运算功能，配合特殊功能模块还可实现定位控制、过程控制和数字控制等功能。PLC 既可以控制一台单机、一条生产线，还可以控制一个机群、多条生产线；可以现场控制，也可以远距离控制。

（5）体积小，功耗低

由于 PLC 是采用半导体集成电路制成的，因此具有体积小、重量轻、功耗低的特点，并且设计结构紧凑，易于装入机械设备内部，是实现机电一体化的理想控制设备。

（6）设计和施工周期短

由于 PLC 用软件取代了继电接触控制系统中大量的中间继电器、时间继电器、计数器等低压电器,因此整个设计、安装、接线的工作量大大减少。

> **思考:**
> 根据PLC的特点,想想PLC应用在哪些场景比较合适。(思考1~2分钟)

二、PLC的应用领域

随着PLC的制造成本不断下降,功能不断增强,目前在工业发达的国家,PLC已成为工业控制中的标准设备,应用领域已覆盖整个工业企业。概括起来,PLC主要应用在以下领域。

1. 逻辑控制领域

逻辑控制是工业控制中应用最多的控制。PLC的输入和输出信号都是通/断的开关信号。输入、输出点数可以不受限制,从十几个到成千上万个不等,可通过扩展实现。

用PLC进行开关量控制遍及许多行业,如机床电气控制、电机控制、电梯运行控制、冶金系统的高炉上料控制、汽车装配线控制、啤酒罐装生产线控制、自动物流分拣控制等。图1-1-2的智能物流分拣线就属于PLC逻辑控制领域。

图 1-1-2　智能物流分拣线

2. 过程控制领域

PLC配上特殊模块后,可对温度、压力、流量、液面高度等连续变化的模拟量进行闭环过程控制,如锅炉液位、反应堆、水处理、酿酒等。如图1-1-3所示为PLC液位控制流程图。

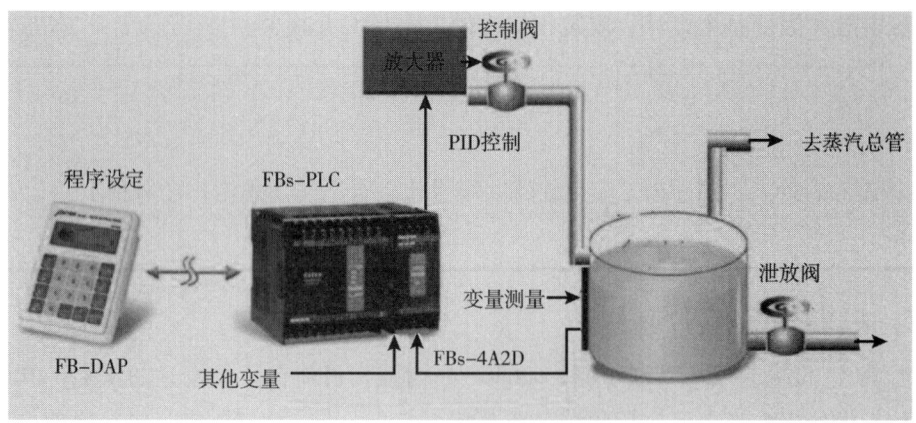

图 1-1-3　PLC 液位控制流程图

3. 运动控制领域

PLC 可采用专用的运动控制模块对伺服电动机和步进电动机的速度与位置进行控制，从而实现对各种机械的运动控制，如金属切削机床、数控机床、工业机器人等，如图 1-1-4 所示为 PLC 控制的数控机床。

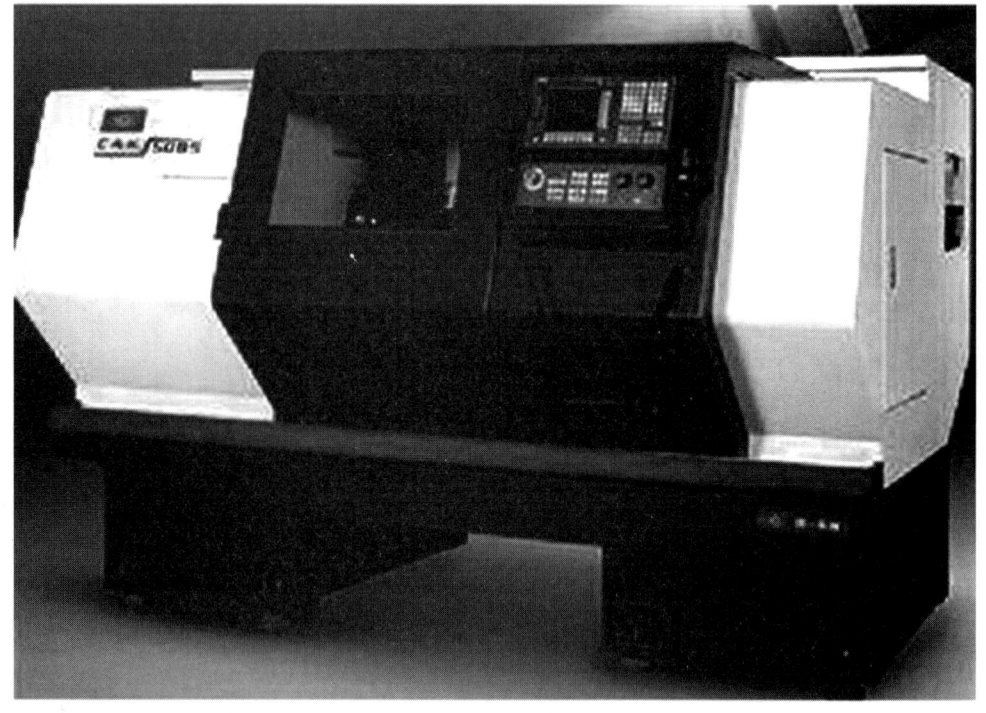

图 1-1-4　数控机床

4. 通信联网领域

PLC 通过网络通信模块及远程 I/O 控制模块，实现 PLC 与 PLC 之间、PLC 与计算机之间、PLC 与其他智能设备之间的通信功能，还能实现 PLC 分散控制、计算机集中管理的集散控制，这样可以增加系统的控制规模，甚至可以使整个工厂实现生产自动化，如图 1-1-5 所示为 PLC 通信联网控制系统图。

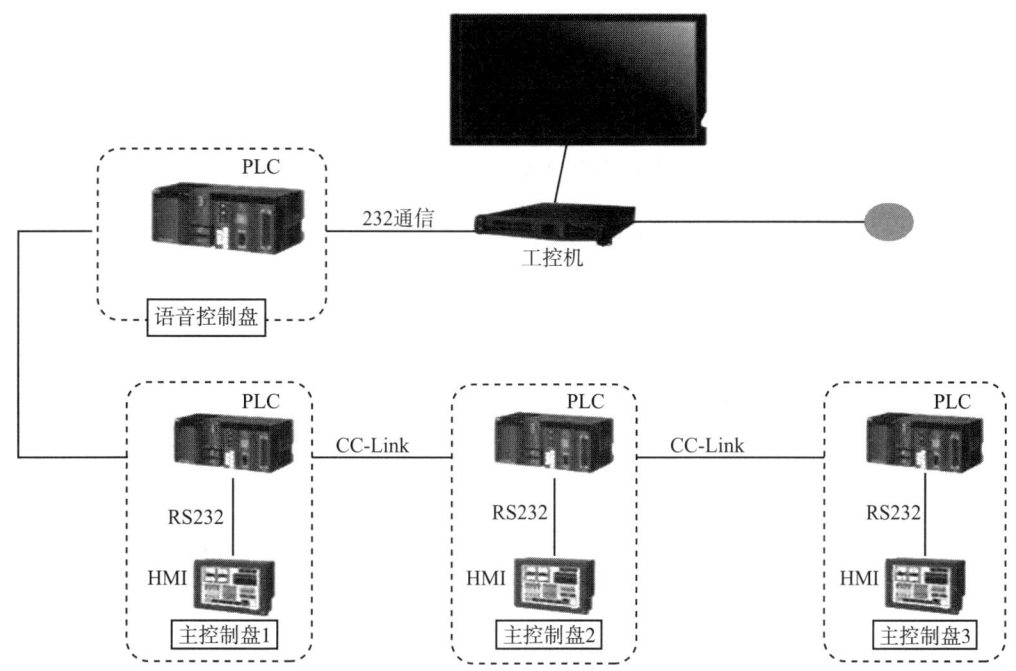

图 1-1-5　PLC 通信联网控制系统图

5. 数据处理领域

许多 PLC 具有很强的数学运算（包括逻辑运算、算术运算、矩阵运算、函数运算）以及数据的传送、转换、排序、检索等功能，还可以完成数据采集、分析和处理。这些数据可以与存储器中的数据进行比较，也可以传送给其他智能装置或打印机。较复杂的数据处理一般应用在大、中型控制系统中。

实训1　PLC控制系统认知

实训名称	PLC 控制系统认知
实训内容	参观 PLC 实训室，了解不同型号实训设备的功能及其组成，明确实训的规范及流程，认知 PLC 控制系统
实训目标	1. 了解实训设备的类型及其功能； 2. 能够遵守实训的规范及流程； 3. 熟悉并回顾理论课所讲的知识
实训课时	2 课时
实训地点	PLC 实训室

练习题

1. 判断题

（1）PLC 具有可靠性高，抗干扰能力强的特点。　　　　　　　　　　（　）

（2）PLC 应用在酿酒行业主要利用其在通信联网领域的优势。　　　　（　）

（3）第一台可编程控制器是俄罗斯制造的。　　　　　　　　　　　　（　）

2. 填空题

（1）PLC 的特点主要有：_____、_____、_____、_____、_____。

（2）PLC 经过了_____、_____、_____、_____、_____5 个发展时期。

3. 简答题

（1）PLC 的定义是什么？

（2）第一台逻辑控制器是哪个国家制造的？它叫什么名字？我国在什么时候开始在工业领域应用 PLC？

（3）PLC 在逻辑控制领域应用有哪些代表行业？

任务完成报告

姓名		学习日期	
任务名称	PLC 的认知		
学习自评	考核内容	完成情况	
	1. PLC 的定义	□好　□良好　□一般　□差	
	2. PLC 的发展	□好　□良好　□一般　□差	
	3. PLC 的应用领域	□好　□良好　□一般　□差	
	4. PLC 的主要特点	□好　□良好　□一般　□差	
学习心得			

任务2　PLC简单控制系统认知

本任务要完成PLC交通灯控制系统的搭建，学生应能够搭建并实际认识PLC的组成结构与工作原理。本任务的重点内容为PLC的基本组成结构，难点内容为PLC的工作原理。

知识目标

1. 掌握PLC的基本组成结构；
2. 了解PLC的工作原理；
3. 了解PLC交通灯控制系统的组成结构。

能力目标

1. 能够掌握PLC的基本组成结构；
2. 熟悉PLC的工作原理；
3. 熟悉PLC交通灯控制系统的组成结构。

学习内容

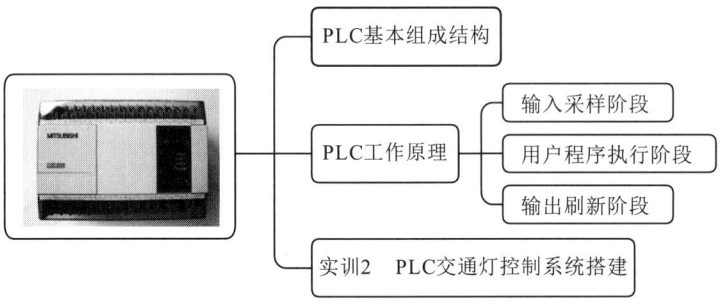

一、PLC基本组成结构

> **分组讨论：**
> 生活中常见的台式电脑由哪些主要部分组成？它们各自有什么功能？（四人一组，将讨论结果写在空白处，时间为2~4分钟）

PLC主要由6部分组成，CPU（Central Processing Unit，中央处理器）、存储器、输入/输出（I/O）接口电路、电源、外设接口、输入/输出（I/O）扩展接口。如图1-2-1所示为PLC硬件结构示意图。

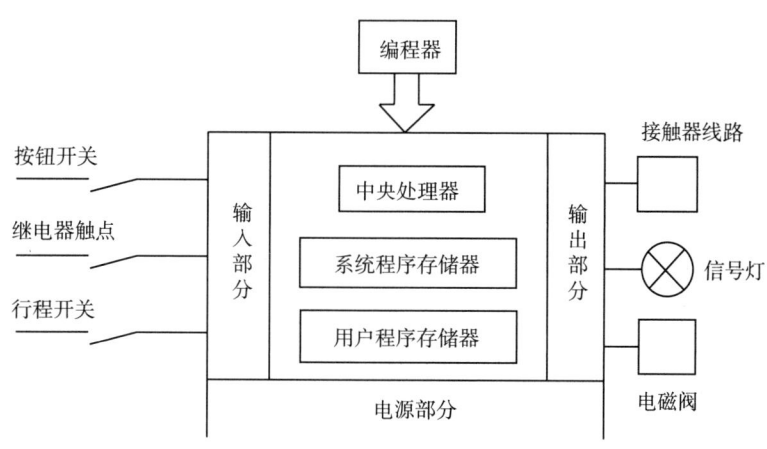

图 1-2-1　PLC 硬件结构示意图

1. CPU

CPU 是中央处理器的英文缩写，它是 PLC 的核心和指挥中心，主要由控制器、运算器和寄存器组成，并集成在一块芯片上。CPU 通过地址总线、数据总线和控制总线与存储器、输入/输出接口电路相连接，完成信息传递、转换等功能。

CPU 的主要功能有：接收输入信号并存入存储器，读出指令，执行指令并将结果输出，处理中断请求，准备下一条指令等。

2. 存储器

存储器主要用来存放系统程序、用户程序和数据。根据存储器在系统中的作用，可将其分为系统程序存储器和用户程序存储器。系统程序是对整个 PLC 系统进行调度、管理、监视及服务的程序，它控制和完成 PLC 的各种功能。这些程序由 PLC 制造厂家设计提供，固化在 ROM（Read-Only Memory，又称只读存储器，是一种只能读出事先所存数据的固态半导体存储器）中，用户不能直接存取、修改。系统程序存储器容量的大小决定系统程序的大小和复杂程度，也决定 PLC 的功能。

用户程序是用户在各自的控制系统中开发的程序，大都存放在 RAM（Random Access Memory，随机存取存储器，是与 CPU 直接交换数据的内部存储器）中，因此使用者可对用户程序进行修改。为保证掉电时不会丢失存储信息，一般用锂电池作为备用电源。用户程序存储器容量的大小决定了用户控制系统的控制规模和复杂程度。

3. 输入/输出接口电路

输入/输出（I/O）接口电路是 PLC 与现场 I/O 设备相连接的部件。PLC 将输入信号转换为 CPU 能够接收和处理的信号，通过用户程序的运算把结果通过输出模块输出给执行机构。

①输入接口电路。输入接口一般接收按钮开关、行程开关、传感器等的信号，电路如图 1-2-2（a）所示。图中只画出一个输入点的输入电路，各输入点所对应的输入电路大都相同。

输入电路的电源有3种形式：

第一种是直流输入（DC 12V 或 24V）；

第二种是交流输入（AC 100~120V 或 200~240V）；

第三种是交直流输入（DC 24V 或 AC 220V）。

图1-2-2（a）中所示就是直流24V的输入电路，虚线内为PLC的内部输入电路。图中，R1为限流电阻，R2和C构成滤波电路，发光二极管与光电三极管封装在一个管壳内，构成光电耦合器，LED发光二极管指示流入状态、输入接口电路不仅使外部电路与PLC内部电路实现电离从而提高MEA的抗干扰能力，而且实现了电平转换。图1-2-2（b）所示为PLC的输入接口实物。

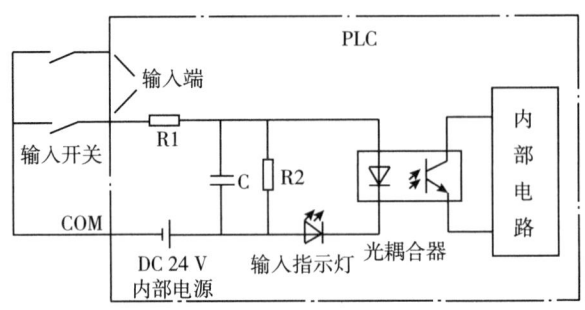

（a）输入接口电路

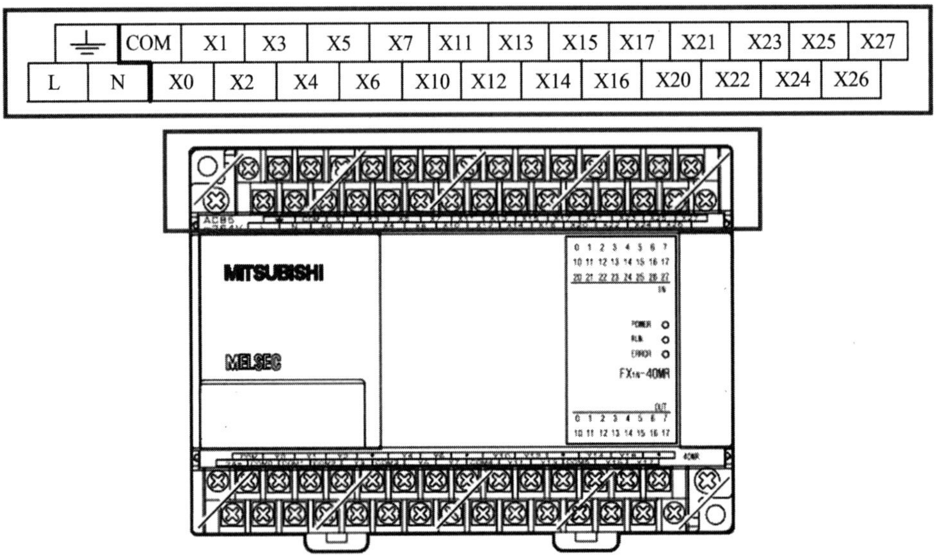

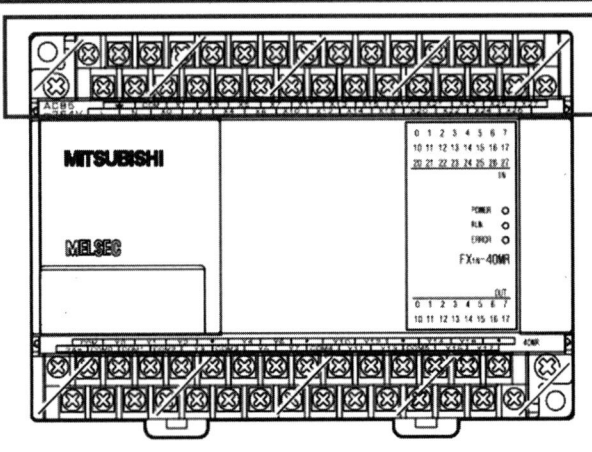

（b）输入接口实物

图 1-2-2 输入接口电路及实物

②输出接口电路。输出接口用于连接继电器、接触器、电磁阀线圈，是PLC的主要输出口，是连接PLC与外部执行元件的桥梁。

PLC有3种输出方式：继电器输出、晶体管输出、晶闸管输出，如图1-2-3所示。其中，继电器输出型为有触点的输出方式，可用于直流或低频交流负载，晶体管输出型和晶闸管输出型都是无触点输出方式，前者适用于高速、小功率直流负载，后者适用于高速、大功率交流负载。

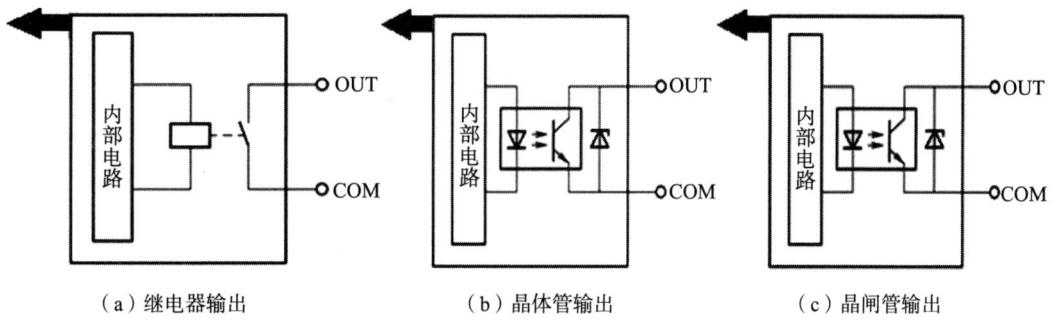

（a）继电器输出　　　　（b）晶体管输出　　　　（c）晶闸管输出

图 1-2-3　PLC 输出方式

PLC 输出接口实物如图 1-2-4 所示。

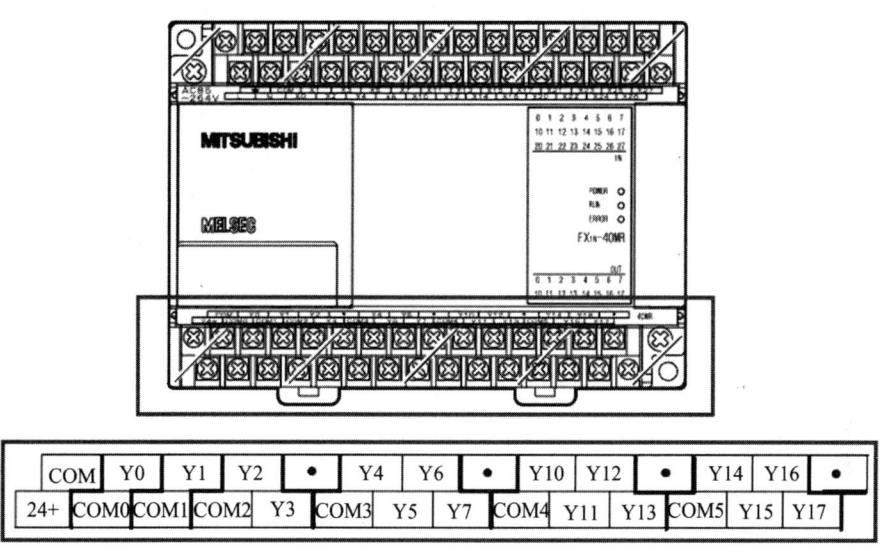

图 1-2-4　PLC 输出接口实物

4. 电源

PLC 一般采用 AC 220V 电源，经整流、滤波、稳压后可变换成供 PLC 的 CPU、存储器等电路工作所需的直流电压，有的 PLC 也采用 DC 24V 电源供电。为保证 PLC 工作可靠，大都采用开关型稳压电源。有的 PLC 还向外部提供 24V 直流电源。

5. 外部设备接口

外部设备接口是在主机外壳上与外部设备配接的插座，通过电缆线可配接编程器、计算机、打印机、EPROM 写入器、触摸屏等。编程器有简易编程器和智能图形编程器两种，用于编程、对系统做一些设定，以及监控 PLC 和 PLC 所控制系统的工作状况等。编程器是 PLC 开发应用监测运行、检查维护不可缺少的器件，但它不直接参与现场控制运行。

6. I/O 扩展接口

I/O 扩展接口是用来扩展输入/输出点数的。当用户输入/输出点数超过主机的范围时，可通过 I/O 扩展接口与 I/O 扩展单元相接，以扩充 I/O 点数。A/D 和 D/A 单元以及链接单元一般也通过该接口与主机连接。如图 1-2-5 所示为三菱 PLC 的数字量扩展模块。

图 1-2-5　三菱 PLC 的数字量扩展模块

> **课堂回顾：**
> 合上教材，回忆PLC的基本组成结构。

二、PLC工作原理

> **思考：**
> 分组讨论手机在打电话、刷视频、聊天时的工作原理。小组选出组长，简述手机的工作过程。（四人一组，将讨论结果写在空白处，讨论时间为3~5分钟）

PLC 是采用"顺序扫描，不断循环"的方式工作的，即在 PLC 运行时，CPU 根据用户按控制要求编写好并存于用户存储器中的程序，按指令步序号（或地址号）做周期性循环扫描，如无跳转指令，则从第一条指令开始逐条顺序执行用户程序，直至程序结束。然后返回第一条指令，开始下一轮扫描。在每次扫描过程中，还要完成对输入信号的采样和对输出状态的刷新等工作。

当PLC控制器投入运行后，其工作过程一般分为三个阶段：

（1）输入采样阶段

（2）用户程序执行阶段

（3）输出刷新阶段

完成上述三个阶段称作一个扫描周期，如图1-2-6所示为PLC工作过程示意图，下面来具体分析。

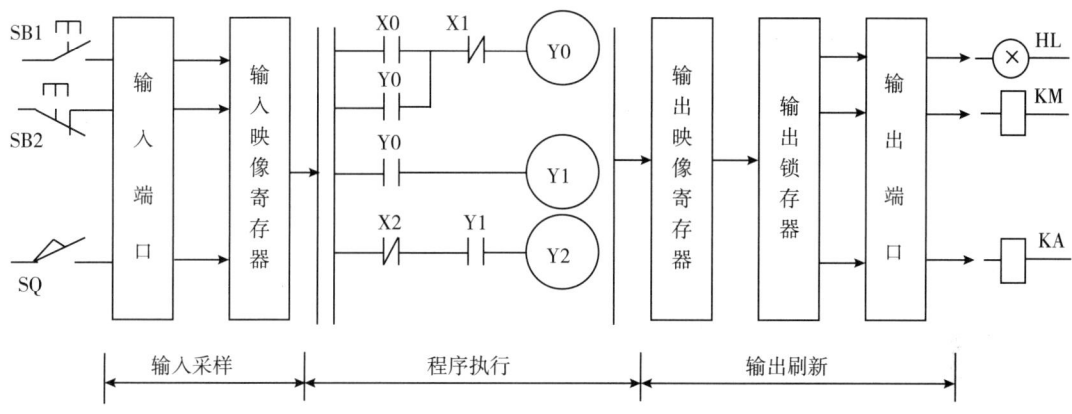

图1-2-6　PLC工作过程示意图

1. 输入采样阶段

PLC在输入采样阶段，首先扫描所有输入端子，并将各输入状态存入内存中各对应的输入映像寄存器中，此时输入映像寄存器被刷新。接着进入程序执行阶段，在程序执行阶段和输出刷新阶段输入映像寄存器与外界隔离，无论输入信号如何变化其内容都保持不变，直到下一个扫描周期的输入采样阶段才重新写入输入。这种输入工作方式称为集中输入方式。根据PLC梯形图程序扫描原则，PLC按先左后右、先上后下的步序逐句扫描。

2. 用户程序执行阶段

当遇到程序跳转指令时，则根据是否满足跳转条件来决定程序是否跳转。当指令中涉及输入、输出状态时，PLC就从输入映像寄存器"读入"上一阶段采入的对应输入端子状态，从元件映像寄存器"读入"对应元件映像寄存器（"软继电器"）的当前状态。然后进行相应的运算，并将运算结果存入元件映像寄存器中。

3. 输出刷新阶段

在所有指令执行完毕且已进入输出刷新阶段时，PLC才将输出映像寄存器中所有输出继电器的状态（接通/断开）转存到输出锁存器中，然后通过认定方式输出以驱动外部负载。这种输出工作方式称为集中输出方式。

集中输出方式在执行用户程序时不是得到一个输出结果就向外输出一个，而是执行用户程序所得的所有输出结果先全部存放在输出映像寄存器中，执行用户程序后将所有输出结果一次性向输出端口或输出模块输出，使输出设备部件动作。

实训2 PLC交通灯控制系统搭建

实训名称	PLC 交通灯控制系统搭建
实训内容	本实训主要内容是学习 PLC 灯控制系统的搭建，了解其系统的组成结构和工作原理
实训目标	1. 能够掌握 PLC 的基本组成结构； 2. 熟悉 PLC 的工作原理； 3. 熟悉并回顾理论课所讲的知识
实训课时	4 课时
实训地点	PLC 实训室

练习题

1. 判断题

（1）PLC 的基本组成结构中不包含电源。   （ ）

（2）PLC 的基本组成结构主要包含 6 部分。   （ ）

（3）PLC 输出接口一般用于连接传感器、开关按钮、行程开关等。 （ ）

2. 填空题

（1）PLC 的基本组成结构有：_____、_____、_____、_____、_____、_____。

（2）PLC 的工作包括_____、_____、_____3 个过程。

3. 简答题

（1）输入电路的电源有哪些类型？

（2）PLC 基本组成结构中的 CPU 有哪些主要功能？

（3）PLC 的 I/O 扩展接口有什么功能？在什么情况下使用 I/O 扩展接口？

任务完成报告

姓名		学习日期	
任务名称	PLC 简单控制系统认知		
学习自评	考核内容		完成情况
	1.PLC 基本组成结构		□好　□良好　□一般　□差
	2.PLC 工作原理		□好　□良好　□一般　□差
	3.PLC 交通灯控制系统搭建		□好　□良好　□一般　□差
学习心得			

项目 2
交流电动机控制系统安装调试

工业生产中，经常遇见车床、铣床、磨床等机电类设备，这些设备上的各种刀具、轴承等都需要用电动机带动运行，这就需要控制电机的不同运行方式，如点动运行、正反转运行，或者根据工艺需求使电机按照顺序依次启动等。

本项目主要利用 PLC 控制电动机的不同运行功能需求，完成 PLC 对交流电动机控制系统的点动、自锁、正反转和顺序启动控制的安装和调试。在本项目中要学习如何使用 PLC，包括外部接线、编程软件、编程语言等。

本项目分为 3 个任务：

任务 1　电动机自锁控制 PLC 程序设计

本任务利用 PLC 控制电机的自锁运行。对 PLC 进行编程实现以下功能：当按下启动按钮时，电动机开始运行；当按下停止按钮时，电动机停止运行。

本任务的主要内容涉及基本 PLC 编程语言、输入/输出继电器、PLC 编程软件 GX Works2 的认识及基本编程指令。其中，重点内容为基本指令和软件认识，难点内容为电动机的自锁控制程序设计。

任务 2　电动机正反转 PLC 控制系统安装调试

电力拖动中学习过利用继电器—接触器实现电机的正反转运行，本任务利用 PLC 来完成电动机的正反转运行控制。对 PLC 进行编程能够实现以下功能：当按下正转启动按钮时，电动机正转运行；按下停止按钮时，电动机停止运行；按下反转启动按钮时，电动机反转运行。

本任务的主要内容涉及电气图纸的认识，程序设计的方法，电气系统的安装接线与调试。其中，重点内容为 PLC 程序的设计，难点内容为控制系统的安装调试。

任务 3　两台电动机顺序启动 PLC 程序设计及调试

本任务利用 PLC 实现两台电动机的顺序启动运行控制。对 PLC 进行编程能够实现以下功能：当按下正转启动按钮时，第一台电动机启动运行；运行一段时间后，第二台电动机自动启动运行；当按下停止按钮时，两台电动机均停止运行。

本任务的主要内容涉及 PLC 定时器（T）和辅助继电器（M）的编程指令认识、分配 I/O 地址、电气图纸认识及程序设计、PLC 接线及调试。其中，重点内容为编程指令 T、M 的认识，难点内容为电气图纸认识及程序设计。

任务 1　电动机自锁控制 PLC 程序设计

本任务利用 PLC 控制电机的自锁运行。对 PLC 进行编程实现以下功能：当按下启动按钮时，电动机开始运行；当按下停止按钮时，电动机停止运行。

本任务的主要内容涉及基本 PLC 编程语言、输入/输出继电器、PLC 编程软件 GX Works2 的认识及基本编程指令。其中，重点内容为基本指令和软件认识，难点内容为电动机的自锁控制程序设计。

知识目标

1. 了解 PLC 编程语言种类；
2. 了解输入输出继电器以及简单编程指令的概念；
3. 掌握 PLC 基本编程指令的使用方法；
4. 掌握 PLC 编程软件的基本操作。

能力目标

1. 熟悉 PLC 编程语言的种类；
2. 能够使用简单编程指令进行程序设计；
3. 能够操作 PLC 编程软件；
4. 能够编写简单的 PLC 程序。

项目2 交流电动机控制系统安装调试

学习内容

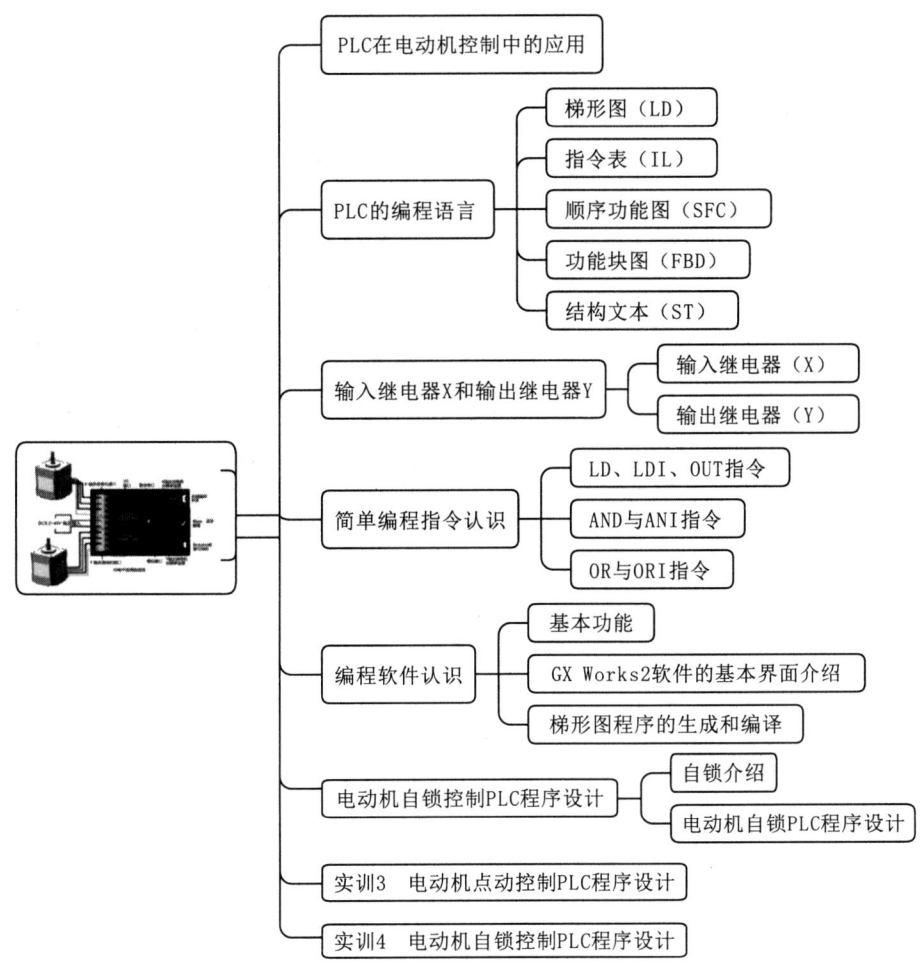

一、PLC在电动机控制中的应用

在实际生产、生活中，三相交流异步电动机的控制应用非常广泛，如机械加工设备的传动、生产线货物的传送、大型购物商场的电梯等都是三相异步交流电动机控制的典型应用，而控制的核心就是PLC，如图2-1-1所示轮胎传送装置就是由PLC控制运行的。当传送带上没有轮胎时，PLC控制传送带电动机停止；当传送带上有轮胎时，PLC控制电动机启动，将轮胎输送到指定位置。而且一些电动机应用场合需要周期性地对电动机进行启动和停止的操作，使用PLC控制电动机动作可以达到高效便捷的目的。

PLC具有丰富的编程语言，一般来说，功能越强，语言就越高级。对于绝大多数电气设计人员来说，最常用到的PLC编程语言是梯形图和指令表。要想对PLC进行编程，就要掌握基本控制指令和逻辑指令的使用方法。本任务将通过完成简单的电动机自锁控制电路的程序设计，学习并掌握PLC编程软件和基本指令的应用。

图 2-1-1 轮胎传送

二、PLC的编程语言

PLC编程语言的国际标准由IEC（国际电工委员会）在1994年5月公布，其中主要是PLC的编程语言标准。该标准详细说明了句法、语义和5种PLC编程语言的表达方式，分别是梯形图、指令表、顺序功能图、功能块图、结构文本。FX系列PLC的编程语言主要有梯形图、顺序功能图及指令表。在步进指令编程中采用的顺序功能图的编程语言也称状态转移图，梯形图是PLC最主要的编程方式。

1. 梯形图（LD）

梯形图编程语言是由电气原理图演变而来的，它沿用了电气控制原理图中的触点、线圈、串/并联等术语和图形符号，比较形象直观，并且逻辑关系明确，因此熟悉电气控制的工程技术人员和一线的工人师傅非常容易接受。

图 2-1-2（a）为电动机自锁控制的继电接触控制电路图。图 2-1-2（b）为用梯形图语言编写的PLC程序，其中左、右母线类似于继电接触控制图中的电源线，输出线圈类似于负载，输入触点类似于按钮。梯形图由若干梯级组成，每个梯级是一个因果关系。在梯级中，触点表示逻辑输入条件，如外部的开关、按钮和内部条件等；线圈通常代表逻辑结果，用来控制外部的指示灯、接触器和内部的输出标志位等。梯形图自上而下排列，每个梯级起于左母线，经触点、线圈，止于右母线，右母线也可以不画。

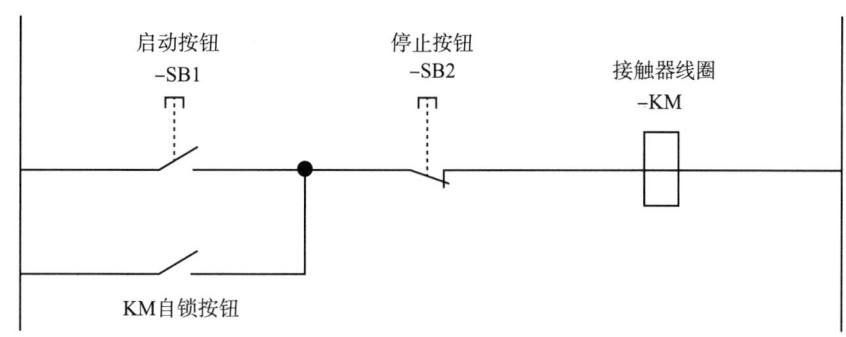

（a）继电接触控制电路图

（b）PLC梯形图语言

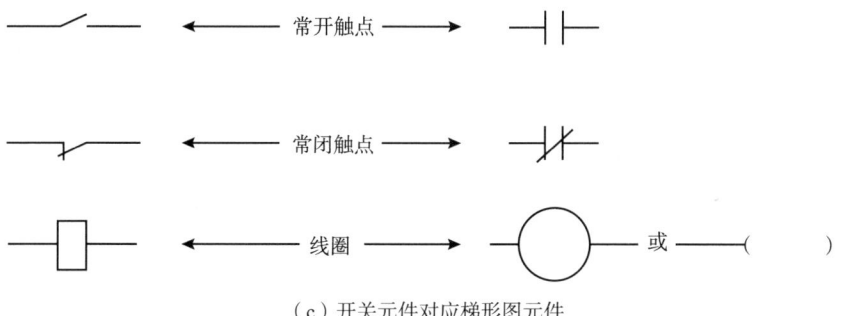

（c）开关元件对应梯形图元件

图 2-1-2　梯形图程序

2. 指令表（IL）

PLC 的指令是一种与微机汇编语言中的指令极其相似的助记符表达式，由指令组成的程序叫作指令表程序。FX1N 系列 PLC 共有基本指令 27 条，步进指令 2 条，应用指令 128 条。不同厂家 PLC 指令的助记符有所不同，但基本的逻辑与运算的指令功能可以相通。每条指令都由步序号、操作码和操作数组成。步序号为指令的步数，每条指令都有规定的步长，程序的步数从 0 开始，最大步序由程序存储器的容量决定。

操作码是用助记符表示要执行的功能，操作数（参数）表明操作的地址或一个预先设定的值。指令表程序较难阅读，其逻辑功能不如梯形图直观，但输入方便。由于指令表的逻辑关系很难一眼看出，所以在设计时一般使用梯形图语言。

图 2-1-3 为电动机自锁控制的梯形图程序，表 2-1-1 为与梯形图对应的指令语句表。

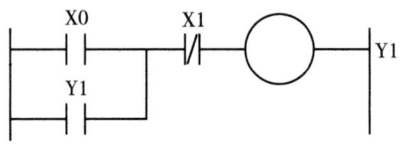

图 2-1-3 梯形图程序

表 2-1-1 指令语句表

步序	操作码（助记符）	操作数	说明
1	LD	X0	逻辑行开始，动合触点 X0 从母线开始
2	OR	Y1	并联输出继电器的动合触点 Y1
3	ANI	X1	串联输入动断触点 X1
4	OUT	Y1	输出继电器 Y1 输出，逻辑行结束

3. 顺序功能图（SFC）

顺序功能图又叫功能表图，也称状态转移图，是一种位于其他编程语言之上的图形语言，它主要用来编制顺序控制程序。

顺序功能图提供了一种组织程序的图形方法，在其中可以用其他语言嵌套编程。顺序功能图表示程序的流程，常用来编制顺序控制类程序，主要由步、有向连线、转换条件和动作组成，如图 2-1-4 所示。

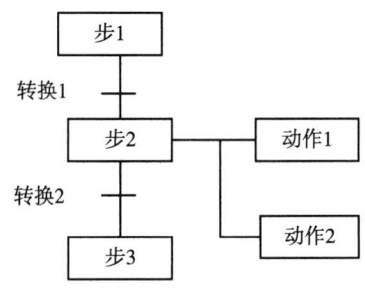

图 2-1-4 顺序功能图

4. 功能块图（FBD）

功能块图编程语言实际上是用逻辑功能符号组成的功能块来表达命令的图形语言，与数字电路中的逻辑图一样，用与门、或门、触发器的方框图来表示逻辑运算关系。方框左侧为逻辑运算的输入变量，右侧为输出变量，信号从左向右流动，这对熟悉数字逻辑电路的工程人员来说编程十分方便。图 2-1-5 为先"与"后"或"再输出操作的功能块图。

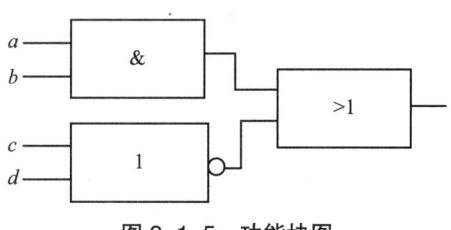

图 2-1-5 功能块图

5. 结构文本（ST）

随着可编程控制器的飞速发展，如果许多高级功能仍用梯形图来表示，会很不方便。为了增强可编程控制器的数字运算、数据处理、PID 调节、通信等功能，方便用户的使用，许多大中型可编程控制器都配备了 PASCAL、BASIC、C 等高级编程语言。用高级语言编程的方式叫作结构文本，与梯形图相比，结构文本既能实现复杂的数学运算，又能使语言非常简洁和紧凑。三菱 ST 编程如图 2-1-6 所示。

```
IF X0==true AND M0 <> X0 THEN

    index_X0:=index_X0+1;

    IF 5==index_X0 THEN

        a:=a+1;

        IF 3==a THEN

            Y0:=true;

        END_IF

    END_IF

END_IF
```

图 2-1-6 ST 编程

三、输入继电器X和输出继电器Y

1. 输入继电器（X）

PLC 的输入端子是从外部开关接收信号的窗口，PLC 内部与输入端子连接的输入继电器（X）是光电隔离的电子继电器，它通常采用八进制编码，线圈的吸合或释放只取决于 PLC 外部触点的状态。内部有常开/常闭两种触点供编程时随时使用，且使用次数不限。各基本单元都是八进制输入的地址，输入为 X000~X007，X010~X017，X020~X027，…，最多 128 点（在 PLC 实际接线、梯形图和指令语句中，X000 简写为 X0，其余类推），它们一般位于机器的上端。图 2-1-7 为 PLC 系统输入继电器与输出继电器示意图。

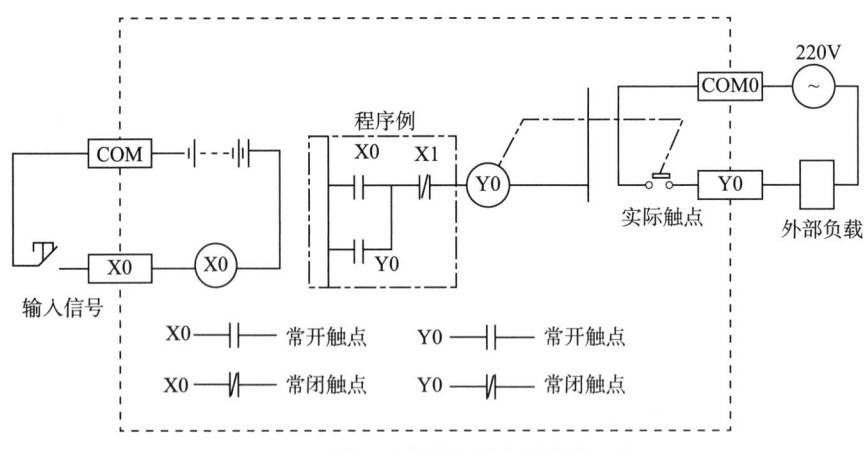

图 2-1-7 输入继电器与输出继电器示意图

2. 输出继电器（Y）

PLC 的输出端子是向外部负载输出信号的窗口。输出继电器的线圈由程序控制，且其外部输出主触点接到 PLC 的输出端子上供外部负载使用，而其余常开/常闭触点供内部程序使用。输出继电器常开/常闭触点的使用次数不限。各基本单元都是按八进制编码输出，输出为 Y000~Y007，Y010~Y017，Y020~Y027，…，最多 128 点（在 PLC 实际接线、梯形图和指令语句中，Y000 简写为 Y0，其余类推），它们一般位于机器的下端。

四、简单编程指令认识

FX1N 系列 PLC 共有 27 条基本指令，可以完成基本的逻辑控制、顺序控制等程序的编写，同时也是编写复杂程序的基础指令，指令可驱动的元件和指令程序步长如表 2-1-2 所示，表中 a 触点指的是常开触点，b 触点指的是常闭触点。

表 2-1-2 FX1N 系列 PLC 的基本指令

助记符（操作码）	功能	操作数	程序步长
LD（取）	a 触点逻辑运算开始	X、Y、M、S、T、C	1
LDI（取脉冲上升沿）	b 触点逻辑运算开始	X、Y、M、S、T、C	1
LDP（取脉冲下降沿）	上升沿检出运算开始	X、Y、M、S、T、C	2
LDF（取脉冲下降沿）	下降沿检出运算开始	X、Y、M、S、T、C	2
AND（与）	串联 a 触点	X、Y、M、S、T、C	1
ANI（与非）	串联 b 触点	X、Y、M、S、T、C	1
ANDP（与脉冲上升沿）	上升沿检出串联连接	X、Y、M、S、T、C	2
ANDP（与脉冲下降沿）	下降沿检出串联连接	X、Y、M、S、T、C	2
OR（或）	a 触点并联连接	X、Y、M、S、T、C	1
ORI（或非）	b 触点并联连接	X、Y、M、S、T、C	1
END（结束）	程序结束	无	1

1. LD、LDI、OUT 指令

LD、LDI、OUT 指令的功能、电路表示、操作元件以及所占的程序步长如表 2-1-3 所示。

LD：取指令，是从左母线取用常开触电指令，表示常开触点与母线连接。

LDI：取反指令，是从左母线上取常用常闭触点指令，表示常闭触点与母线相连。

OUT：输出指令，表示对输出继电器 Y、辅助继电器 M、状态继电器 S、定时器 T、计数器 C 的线圈进行驱动的指令，但不能用于输入继电器。

图 2-1-8 是本组指令的应用案例。

表 2-1-3 LD、LDI 与 OUT 指令在梯形图中的表示

符号、名称	功能	电路表示及操作元件	程序步长
LD（取）	a 触点逻辑运算起始	X、Y、M、S、T、C	1
LDI（取反）	b 触点逻辑运算起始	X、Y、M、S、T、C	1
OUT（输出）	线圈驱动	Y、M、S、T、C	Y、M、S：1；特殊 M：2；C：3~5

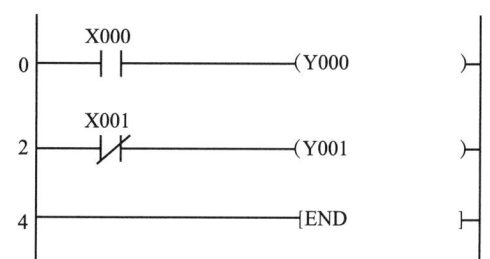

图 2-1-8 LD、LDI 与 OUT 指令的梯形图应用

2. AND 与 ANI 指令

（1）AND 与 ANI 指令的功能、电路表示、操作元件、所占的程序步长如表 2-1-4 所示

AND：与指令，用于单个常开触点的串联。

ANI：与非指令，用于单个常闭触点的串联。

AND 和 ANI 串联的触点数量无限制，并且可以多次使用。

图 2-1-9 所示的是使用本组指令的实例。图 2-1-9 中，OUT 指令后，通过触点对其他线圈使用 OUT 指令（图 2-1-9），这种形式被称为纵接输出或连续输出。此种纵接输出必须将辅助继电器 M101 的线圈放在 Y004 的线圈之上，否则将用到后面讲到的进栈和出栈指令。

表 2-1-4　AND 与 ANI 指令在梯形图中的表示

符号、名称	功能	电路表示及操作元件	程序步长
AND（与）	a 触点串联连接	X、Y、M、S、T、C 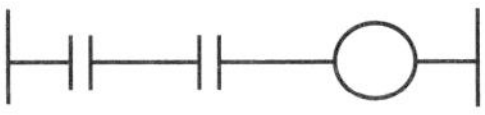	1
ANI（与非）	b 触点串联连接	X、Y、M、S、T、C 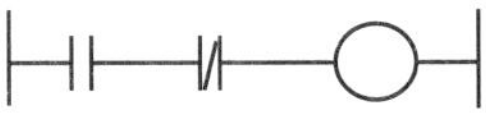	1

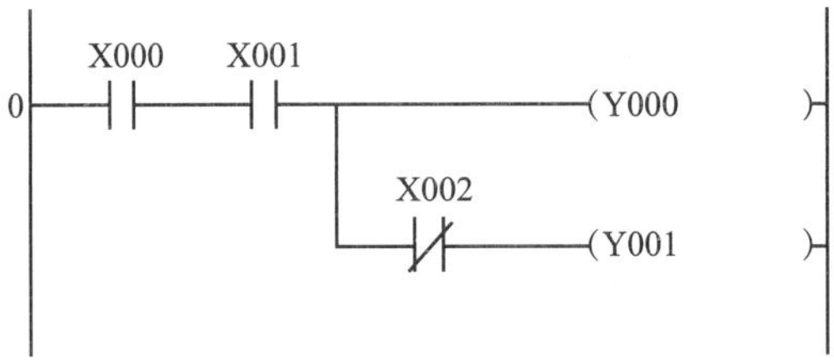

图 2-1-9　AND 与 ANI 指令的梯形图应用

（2）编程举例

完成图 2-1-9 所编写的梯形图，步骤如下：

①项目新建及设置参照小灯泡控制实验的步骤 2~步骤 5。

②第一行程序创建完成后如图 2-1-10 所示。

图 2-1-10　第一行程序创建

③鼠标单击"常开触点 X001"的后面，将编程输入位置移动至此，然后单击"竖线输入"命令，弹出"竖线输入"对话框，在输入框中输入"1"，然后单击"确定"按钮，如图 2-1-11 所示。

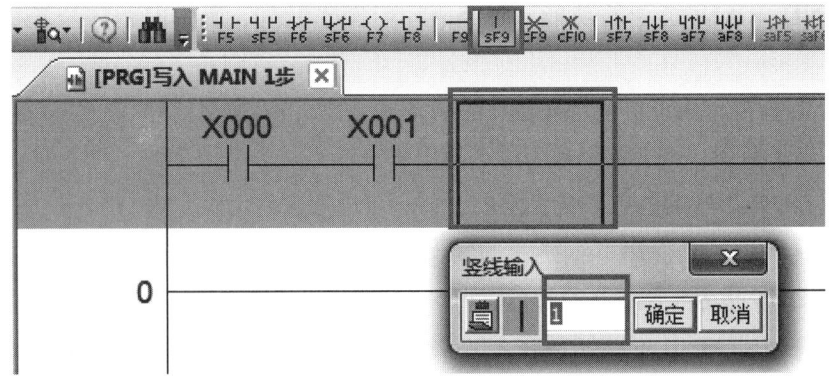

图 2-1-11　竖线输入

④竖线指令输入完成后如图2-1-12所示。

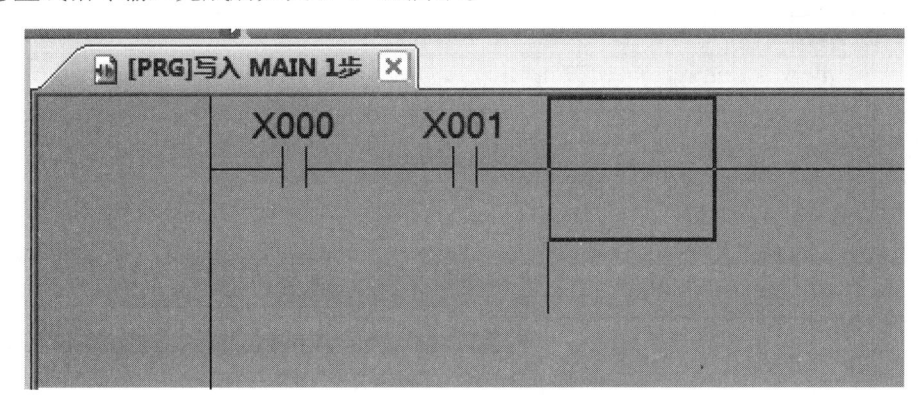

图2-1-12 竖线指令输入完成后状态

⑤将程序输入光标移动到图2-1-13所示的大矩形框位置,鼠标单击"常闭触点"命令,然后在弹出的输入框中输入"X2",然后单击"确定"按钮。

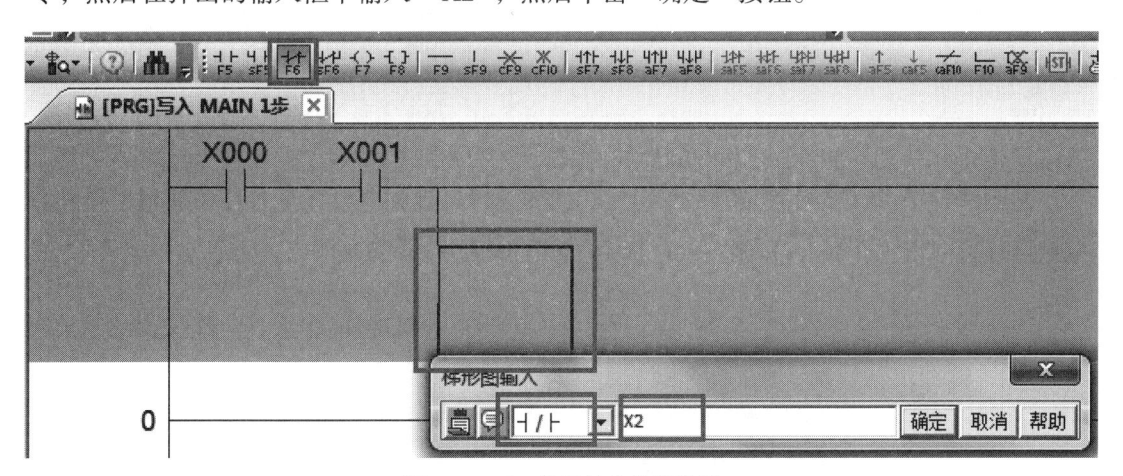

图2-1-13 常开触点参数设置

⑥输入完成后的程序界面如图2-1-14所示。

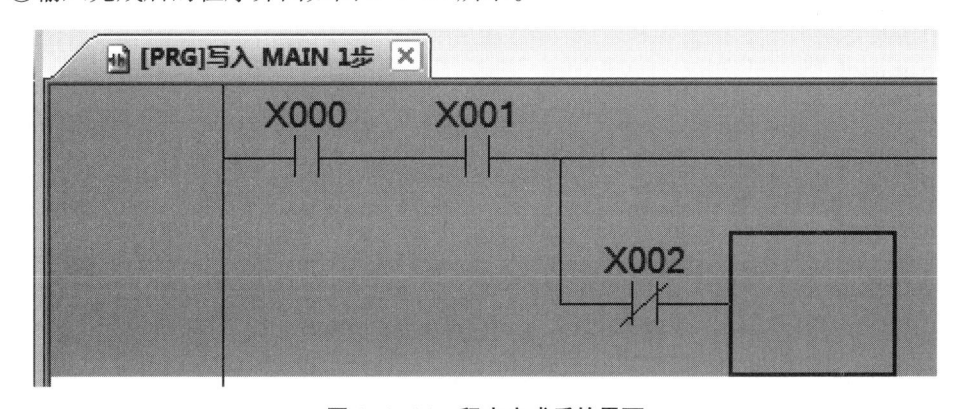

图2-1-14 程序完成后的界面

⑦单击工具栏中的"线圈"命令,然后在弹出的输入框中输入"Y1",然后单击"确定"按钮,如图2-1-15所示。

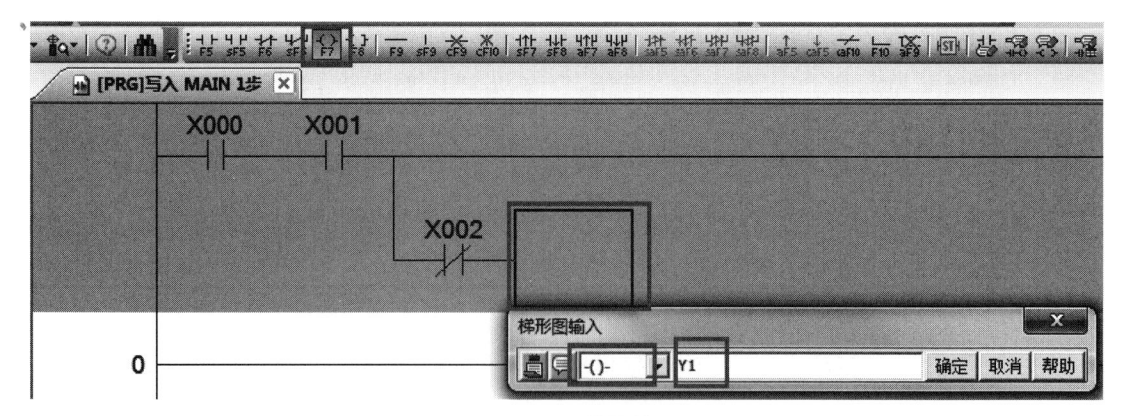

图 2-1-15 线圈输入

⑧程序全部完成后的界面如图 2-1-16 所示。

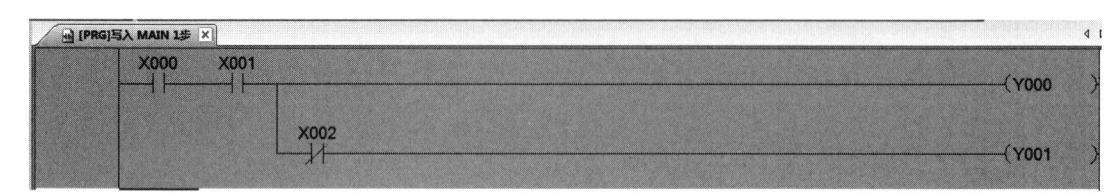

图 2-1-16 程序完成后的界面

⑨转换程序。程序输入完成后要经过转换和编译，以检查程序是否存在漏洞，只有经过转换合格的程序才能写入 PLC 中，转换按钮如图 2-1-17 所示。

图 2-1-17 "转换"按钮

转换完成的程序如图 2-1-18 所示。

图 2-1-18 程序转换完成后的界面

（3）梯形图的编辑

①程序的插入和删除。梯形图编程时，经常用到插入和删除一行、一列、逻辑行等命令。

1）插入。将光标定位在要插入的位置，然后选择"编辑"菜单，执行此菜单中的

"行插入"命令，就可以输入编程元件，从而实现逻辑行的插入，如图 2-1-19 所示灰色阴影部分为插入的行。

注意：插入的行在光标的前面一行。

图 2-1-19　行插入

2）删除。首先通过鼠标选择要删除的逻辑行，然后利用"编辑"菜单中的"行删除"命令就可以实现逻辑行的删除。元件的剪切、复制和粘贴等命令的操作方法与 Word 软件的方法相同，这里不再赘述。

②绘制、删除连线。

1）绘制连线。绘制的连线包括横连线和竖线。在需要放置横线的位置，单击如图 2-1-20 所示的 " F9 " 图标，在弹出的对话框中输入横线的个数，然后单击"确定"即可。

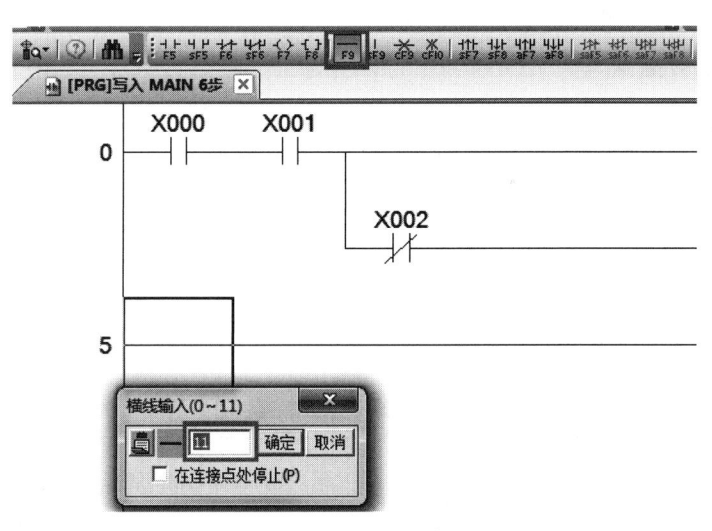

图 2-1-20　放置横线

需在梯形图中放置竖线时，单击工具栏中的 " sF9 " 图标，在弹出的对话框中输入个数即可。

2）删除横线或垂直线。选择需要删除的连线，单击如图 2-1-21 所示的 " cF9 " 或 " CF10 " 图标，输入删除的个数即可。

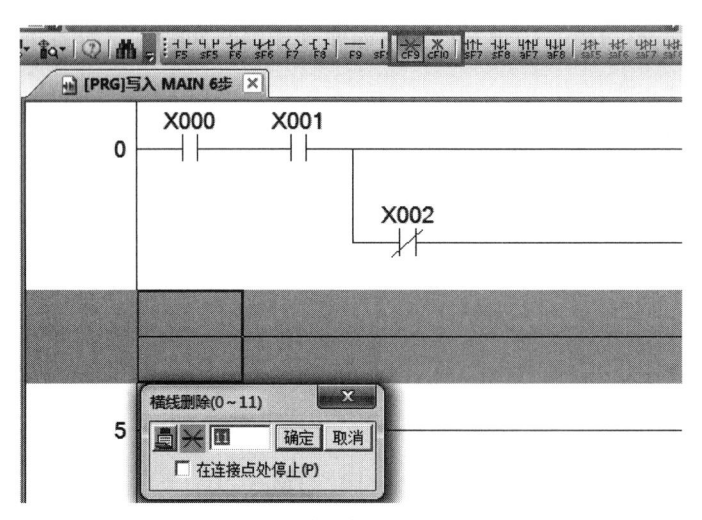

图 2-1-21 "删除横线 / 删除竖线"快捷键

3)修改。若发现梯形图有错误,可进行修改操作。首先在写状态下,将光标放在需要修改的图形处,双击修改的内容,可直接对其进行修改。

4)保存、打开工程。当程序编制完后,必须先进行变换,然后单击"保存"按钮,此时系统会提示(如果新建工程时未设置)保存的路径和工程的名称,设置好路径并输入工程名称后单击"保存"钮即可。

当需要打开保存在计算机中的程序时,单击"打开"按钮,在打开的窗口中选择保存的路径和工程名称再单击"打开"按钮即可。

3. OR 与 ORI 指令

(1) OR 与 ORI 指令的功能、电路表示、操作元件、所占的程序步长如表 2-1-5 所示

OR:或指令,用于单个常开触点的并联。

ORI:或非指令,用于单个常闭触点的并联。

OR、ORI 指令紧接在 LD、LDI 指令后使用,即对 LD、LDI 指令规定的触点再并联一个触点,并联的次数无限制,但受编程器和打印机的幅面限制,应尽量做到 24 行以下。OR、ORI 指令的使用如图 2-1-22 所示。

表 2-1-5 OR 与 ORI 指令在梯形图中的表示

符号、名称	功能	电路表示及操作元件	程序步长
OR(或)	a 触点并联连接	X、Y、M、S、T、C	1
ORI(或非)	b 触点并联连接	X、Y、M、S、T、C	1

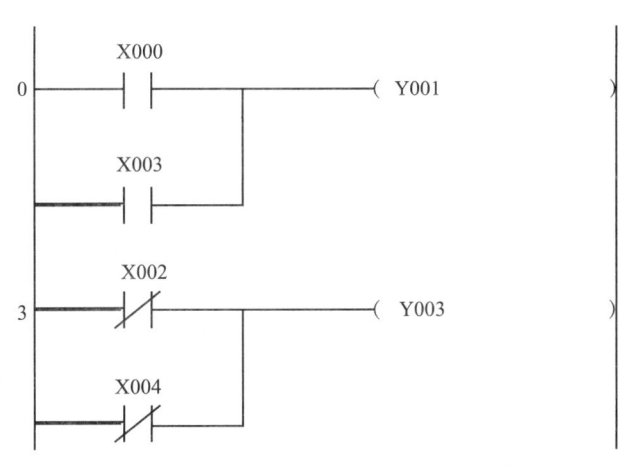

图 2-1-22　OR、ORL 指令的梯形图使用

（2）编程举例

完成图 2-1-22 所示的梯形图程序编写。

编程相同部分参照前面的编程方法和流程，在此不再做详细的介绍。

①第一行程序编写完成后，将程序输入光标移动到图中的第二行程序的开始，单击"常开触点 OR"，在弹出的对话框中输入"X3"，然后单击"确定"按钮，如图 2-1-23 所示。

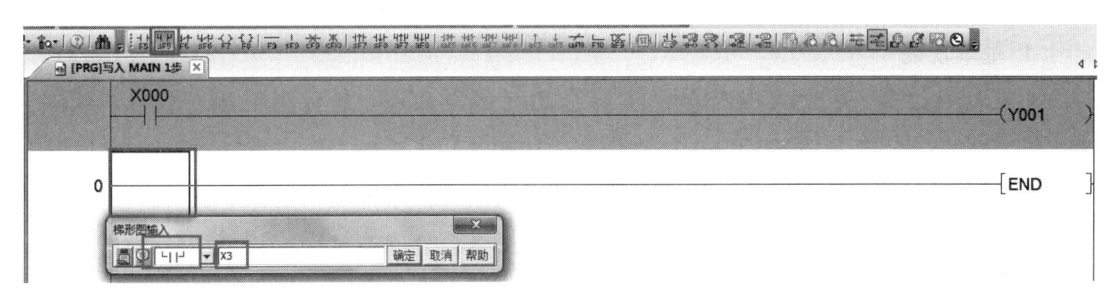

图 2-1-23　常开触点 OR 输入

②将程序输入光标移动到图中的第四行程序的开始，单击"常闭触点 ORI"，在弹出的对话框中输入"X4"，然后单击"确定"按钮，如图 2-1-24 所示。

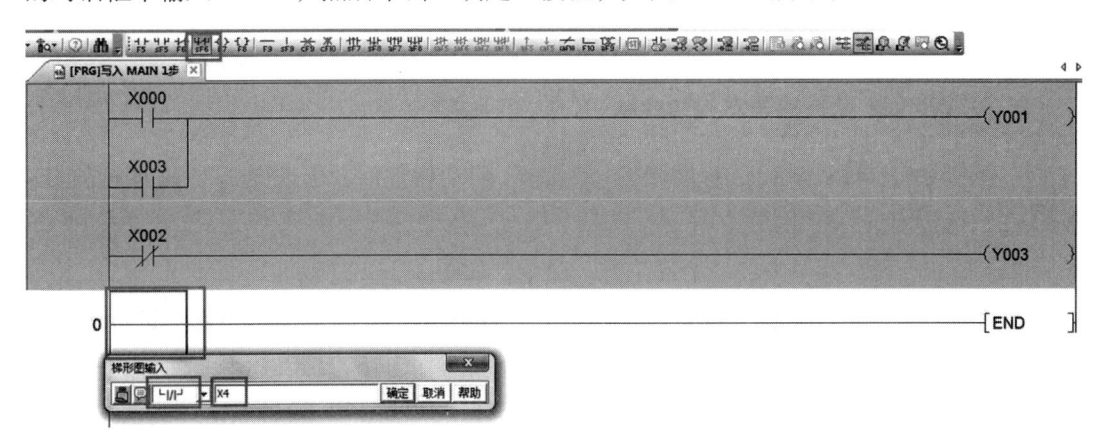

图 2-1-24　常闭触点 ORI 输入

③程序编写完成后的界面如图 2-1-25 所示。

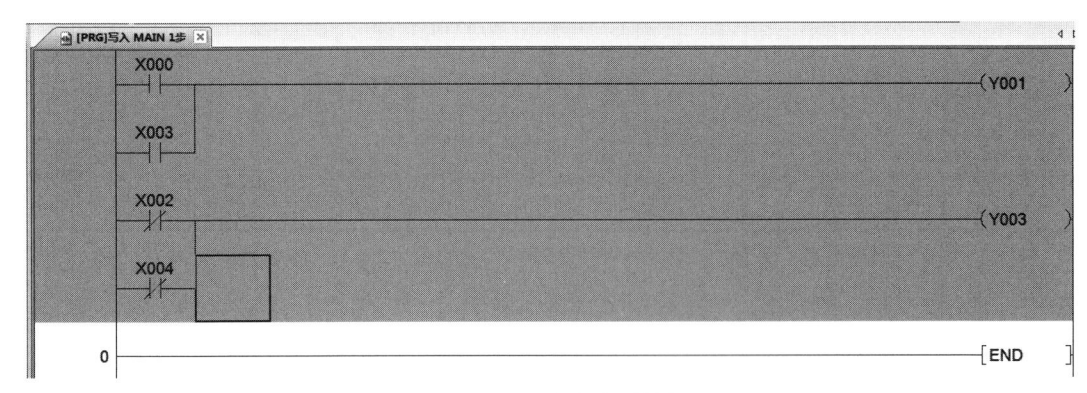

图 2-1-25 程序完成后的界面

想一想：
按下按钮后输出得电，松开按钮则输出不得电。应该如何做到按下按钮后输出一直得电？（思考1~2分钟）

五、编程软件认识

1. 基本功能

GX Works2 是三菱电机推出的三菱综合 PLC 编程软件，是专用于 PLC 设计、调试、维护的编程工具。与传统的软件相比，提高了功能及操作性能，所以更加容易使用。使用 GX Works2 可以创建用户程序、修改和编辑原有的用户程序，编辑过程中编辑器还具有简单的语法检查功能，可以避免出现一些语法和数据类型方面的错误。同时，它还有一些工具性的功能，例如用户程序的文档管理等，还可直接用软件设置可编程控制器的工作方式和参数，实现各种运行监控和测试功能等。

软件功能的实现可以在联机工作方式（在线方式）下进行，部分功能的实现也可以在脱机工作方式（离线方式）下进行。

联机方式：装有编程软件的计算机与 PLC 连接，此时允许两者直接通信。

2. GX Works2 软件的基本界面介绍

①双击桌面上 GX Works2 程序图标 " " 启动软件后，出现图 2-1-26 所示的 GX Works2 初始界面。

②选择"工程"菜单中的"新建工程"命令，如图 2-1-27 所示。

③弹出 PLC "新建工程"对话框，如图 2-1-28 所示，在该对话框中选择进行命令设置，例如"工程类型"选择"简单工程"，"PLC 系列"选择"FXCPU"选项，"PLC 类型"选择"FX1N/FX1NC"选项，"程序语言"选择"梯形图"。然后点击"确认"按钮，进入软件主界面，如图 2-1-29 所示。

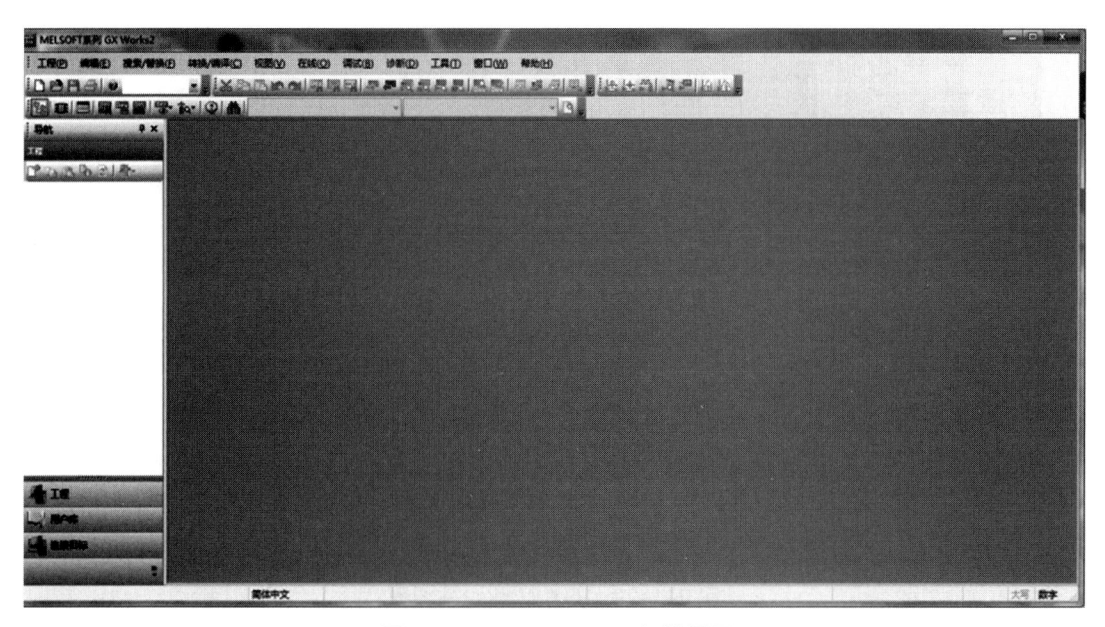

图 2-1-26 GX Works2 初始界面

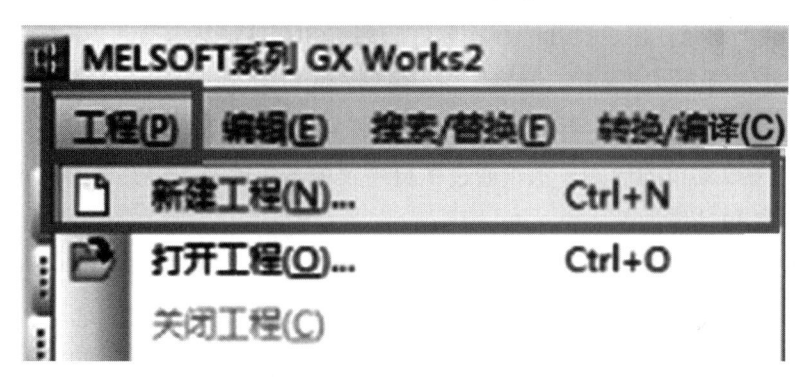

图 2-1-27 新建工程命令

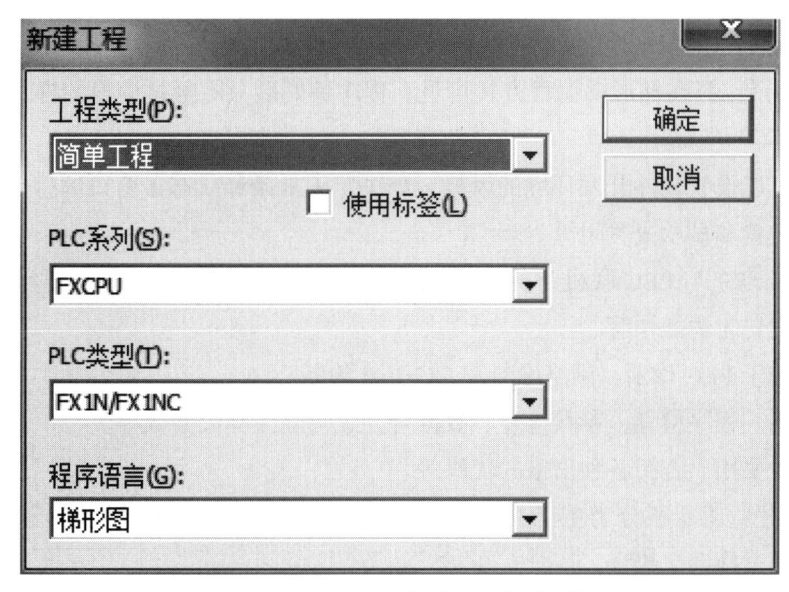

图 2-1-28 PLC "新建工程"对话框

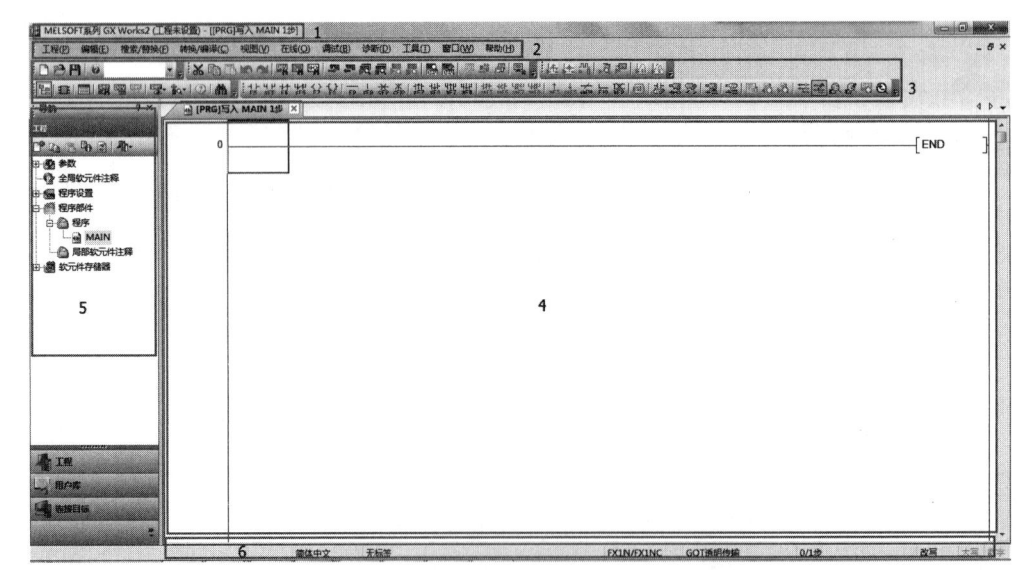

图 2-1-29　GX Works2 主界面

1—标题栏　2—菜单栏　3—工具栏　4—编辑区　5—工程数据列表　6—状态栏

1）标题栏。标题栏显示打开的程序软件的名称和其他信息。

2）菜单栏。包括"工程""编辑""搜索/替换""转换/编译""视图""在线""调试""诊断""工具""窗口""帮助"。菜单栏是将 GX Works2 的全部功能，按照不用的用途组合起来，并以菜单的形式显示。通过执行主菜单各选项及下拉菜单的命令，可执行相应的操作。各菜单功能如下。

工程：工程操作如创建新工程、打开工程、关闭工程、保存工程、改变 PLC 的类型、读取其他格式的文件以及文件的打印操作等。

编辑：程序编辑的工具，如复制、粘贴、插入行（列）删除行（列）、画连线、删除连线等功能，并能给程序命名元件名和元件注释。

搜索/替换：快速查找替换设备、指令等。

转换/编译：只在梯形图编程方式可见，程序编好后只有经过变换的梯形图才能够被保存、传送等。

视图：可以设置软件开发环境的风格，如决定工具条和状态条窗口的打开与关闭，注释、声明的设置和显示或关闭等。

在线：可建立与 PLC 联机时的相关操作，如用户程序上传和下载，监视程序运行，清除程序，设置时钟操作等。

诊断：用于 PLC 诊断、网络诊断及 CC-link 诊断。

工具：用于程序检查、参数检查、数据合并、清除注释或参数等。

帮助：主要用于查阅各种出错的代码等。

3）工具栏。工具栏分为主工具栏、图形编辑工具栏、视图工具栏等，它们在工具栏的位置可以通过拖动来改变。

主工具栏提供文件新建、打开、保存、复制、粘贴等功能。图形编辑工具栏只在图形编程时才可见，提供各类触点、线圈、连接线等图形。视图工具可实现屏幕显示切换，如可在主程序、注释、参数等内容之间实现切换，也可实现屏幕放大缩小和打印预览等功能。此外，工具栏还提供程序的读/写、监视、查找和检查等快捷按钮。

4）编辑区。编辑程序、注释、注解、参数等的区域。

5）工程数据列表。工程数据列表是以树状结构显示工程的各项内容，如程序、软元件注释、参数等。

6）状态栏。状态栏位于窗口的底部，该窗口用来显示程序编译的结果信息、所选PLC 的类型、程序步数和编辑状态。

3. 梯形图程序的生成和编译

为了达到预期的控制效果，通常都要进行严格的程序设计，下面我们将以开关控制指示灯为例说明如何用 GX-Works2 软件设计并编写程序。

步骤 1：了解电路控制原理图。如图 2-1-30 所示为小灯控制实物图及原理图，它包含电源、开关、灯泡。其工作原理为由开关控制灯泡的亮灭。

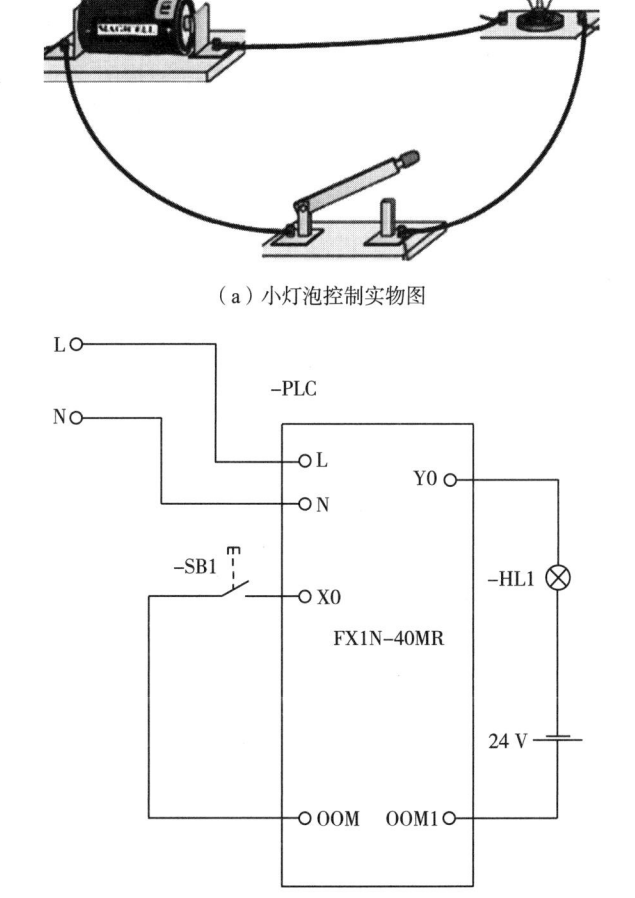

（a）小灯泡控制实物图

（b）小灯泡控制原理图

图 2-1-30　小灯泡控制实物图及原理图

将实物器件转换为 GX-Works2 使用的元件。将开关元件转为"常开触点"" ",将灯泡元件转为"线圈"" "。小灯泡控制梯形图如图 2-1-31 所示。

图 2-1-31　小灯泡控制梯形图

步骤 2：打开 GX-Works2 软件，如图 2-1-26 所示为 GX Works2 初始界面。

步骤 3：单击"工具栏"中的"新建工程"命令，如图 2-1-32 所示。

图 2-1-32　"新建工程"快捷键

步骤 4：弹出 PLC"新建工程"对话框，如图 2-1-33 所示，在该对话框中选择命令设置，"工程类型"选择"简单工程"，"PLC 系列"选择"FXCPU"选项，"PLC 类型"选择"FX1N/FX1NC"选项，"程序语言"选择"梯形图"。然后点击"确认"按钮。

图 2-1-33　PLC"新建工程"对话框

步骤 5：新建工程完成后如图 2-1-34 所示。

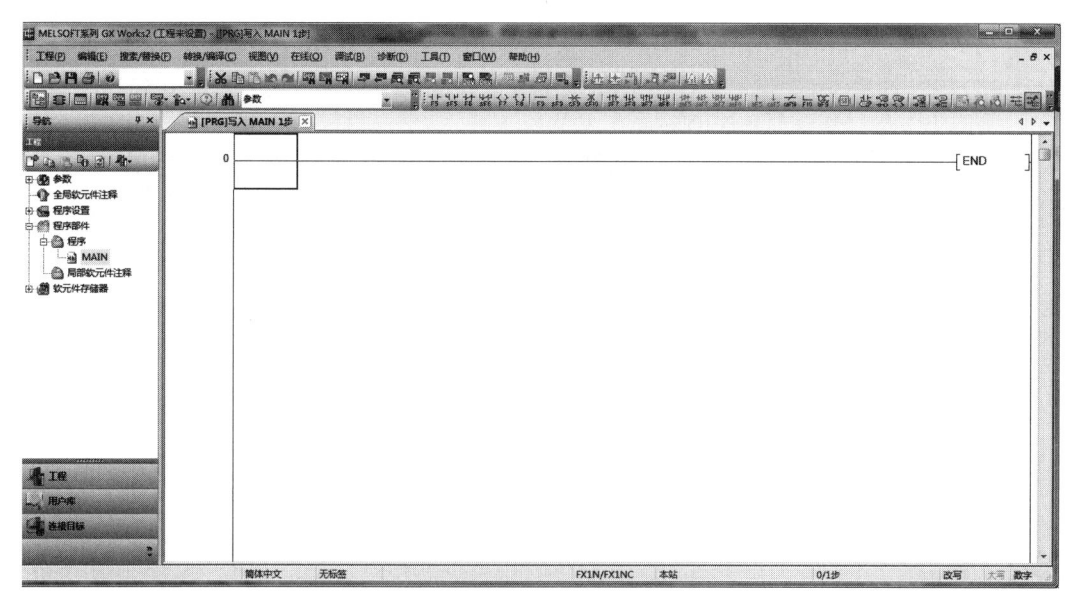

图 2-1-34 新建工程完成后界面

步骤6：输入梯形图程序。单击"常开触点""F5"，如图 2-1-35 所示。

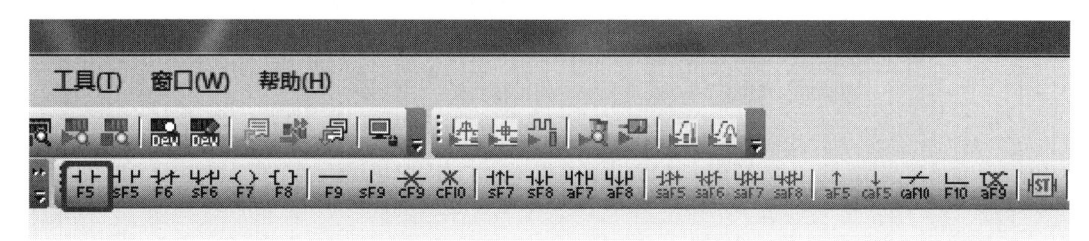

图 2-1-35 "常开触点"命令

步骤7：单击"常开触点"命令后弹出如图 2-1-36 所示的界面。在输入对话框中输入"X0"，单击"确定"按钮完成输入。

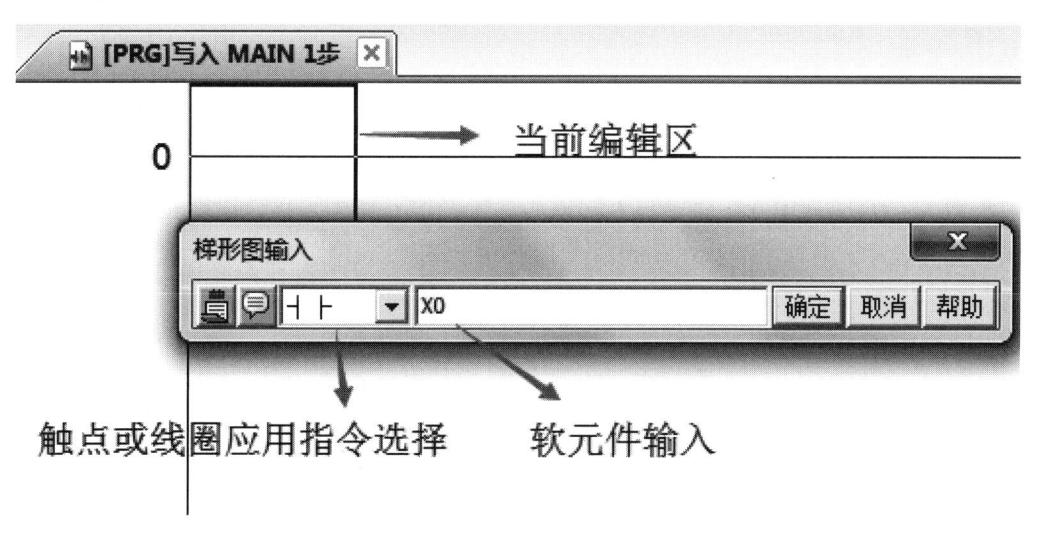

图 2-1-36 梯形图编辑画面

步骤 8："常开触点"编辑完成后如图 2-1-37 所示。

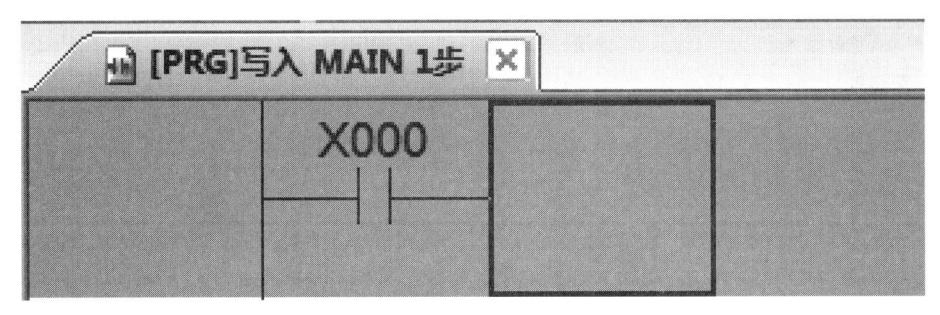

图 2-1-37　完成指令界面

步骤 9：梯形图线圈输入。单击工具栏中的"线圈""F7"，在弹出的输出对话框中输入"Y1"，然后点击"确定"按钮，如图 2-1-38 所示。

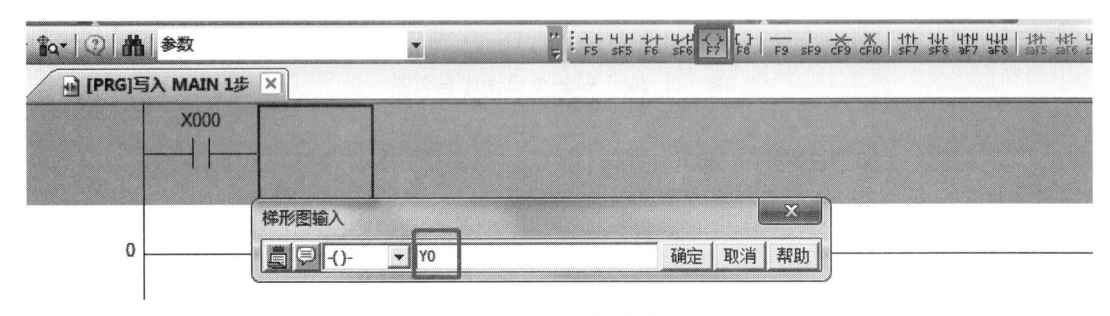

图 2-1-38　线圈编辑

步骤 10：在完成所有程序的输入后得到完整程序，如图 2-1-39 所示。

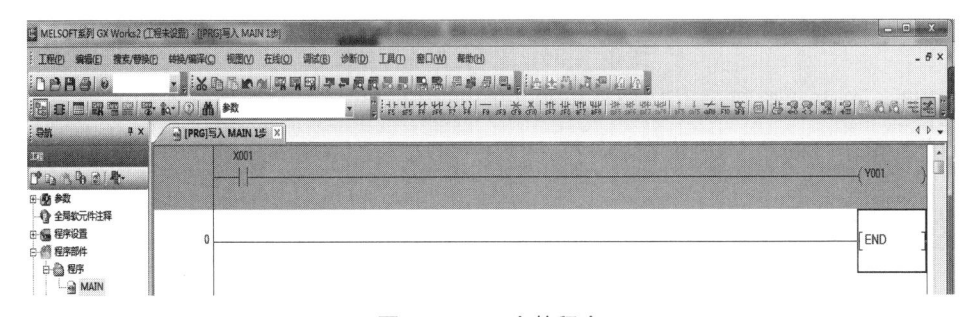

图 2-1-39　完整程序

步骤 11：转换程序。在程序输入完成后都要经过转换和编译，以检查程序是否存在漏洞，只有经过转换合格的程序才能写入 PLC 中，转换按钮如图 2-1-40 所示。

图 2-1-40　转换按钮

步骤 12：转换完成后的程序如图 2-1-41 所示。

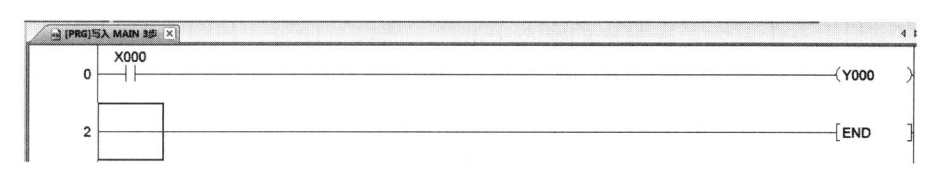

图 2-1-41 转换完成后的程序

思考：
转换前后的程序有什么不同？

程序转换无误后将编程软件编写好的程序下载到 PLC 中，步骤如下。

步骤 13：用专用的编程电缆将计算机的 RS-232 接口和 PLC 的 RS422 接口连接好。

注意：计算机的串口号以及波特率要与编程软件中设置一致。

步骤 14：计算机的端口查看方法如下。

①在"计算机"或者"我的电脑"上右击，在弹出的菜单上选择"管理"命令，如图 2-1-42 所示。

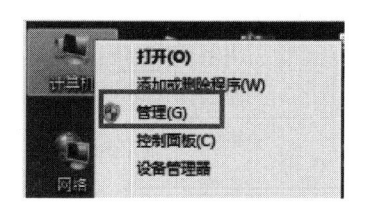

图 2-1-42 "管理"命令

②选择"设备管理器"命令，选择"端口（COM 和 LPT）"中的编程电缆所使用端口，如图 2-1-43 所示。

注意：不同计算机端口可能不一样。

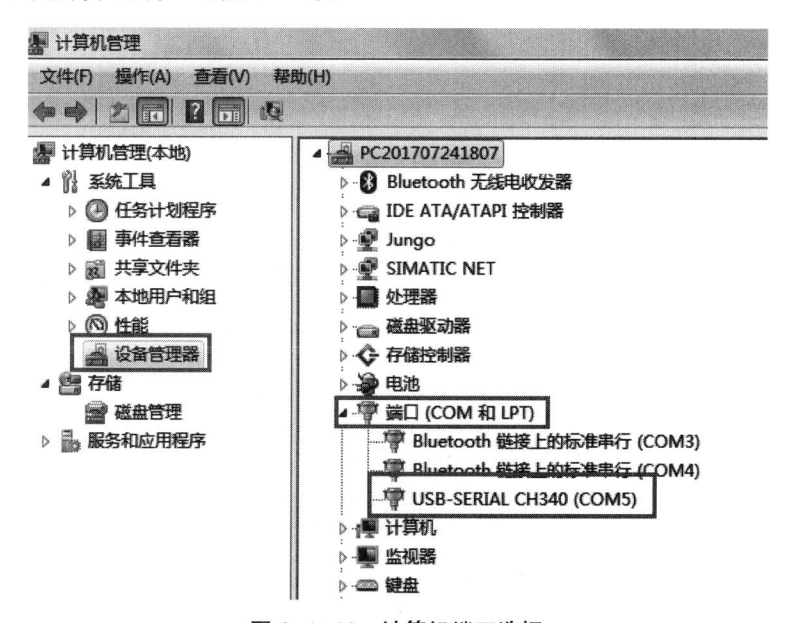

图 2-1-43 计算机端口选择

③在端口上右击鼠标,在弹出的窗口中选择"属性"命令,如图 2-1-44 所示。

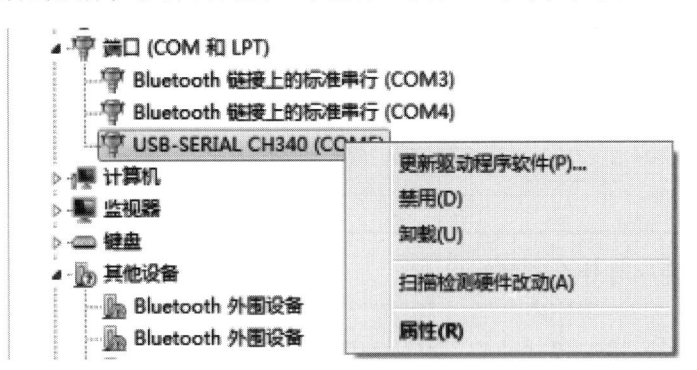

图 2-1-44　端口属性

④选择"端口设置",在"位/秒"中设置的参数要与下面设置的软件中的参数对应,然后单击"确定"按钮,如图 2-1-45 所示。

图 2-1-45　端口设置

步骤 15:软件端的接口设置方法如下。

①打开 Works2 软件,单击"连接目标",如图 2-1-46 所示。

图 2-1-46　连接目标

②双击"当前连接目标"中的"Connection1"命令，如图 2-1-47 所示。

图 2-1-47　当前连接目标

③双击"Serial USB"进行计算机侧 I/F 的设置，如图 2-1-48 所示。

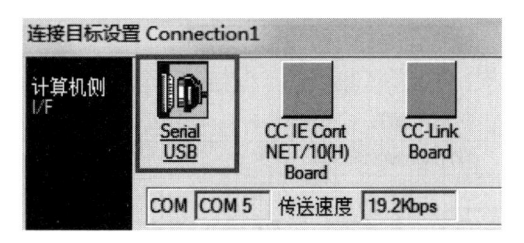

图 2-1-48　Serial USB

④选择"RS-232C"，设置的参数与"计算机"对应，包括 COM 口的选择和传输速度要一致，然后单击"确定"按钮，如图 2-1-49 所示。

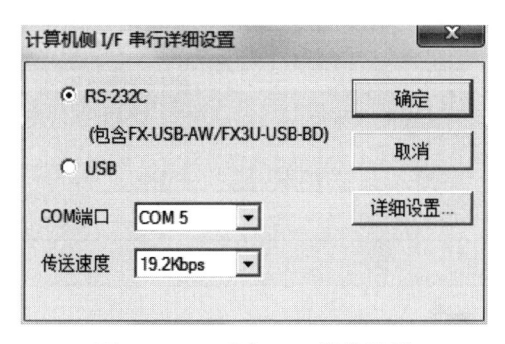

图 2-1-49　RS-232 通信设置

⑤设置完成后单击"通信测试"，弹出与 PLC 成功连接的信息，如图 2-1-50 所示。

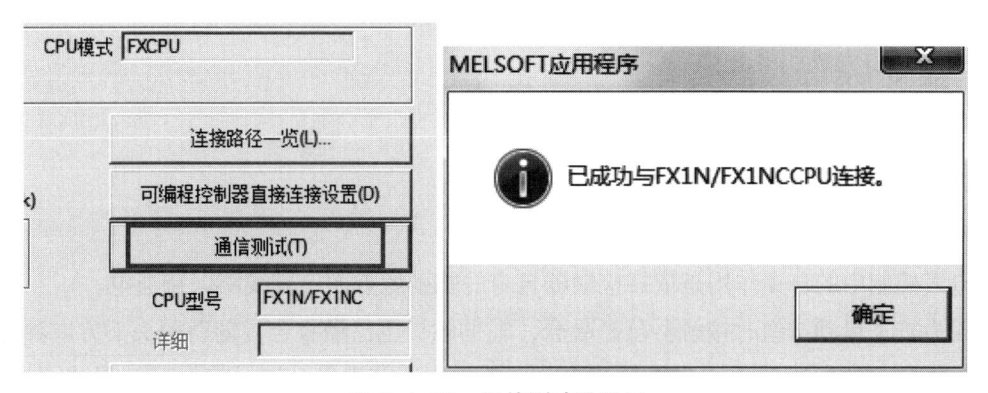

图 2-1-50　通信测试及显示

步骤16：单击"在线"菜单，选择"PLC写入"命令，如图2-1-51所示。

注意：传输之前需要将PLC的运行状态打到"停止"模式。

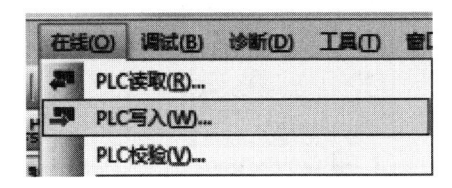

图 2-1-51　PLC 写入

步骤17：在弹出菜单中选择"参数+程序"，然后单击"执行"命令，如图2-1-52所示。

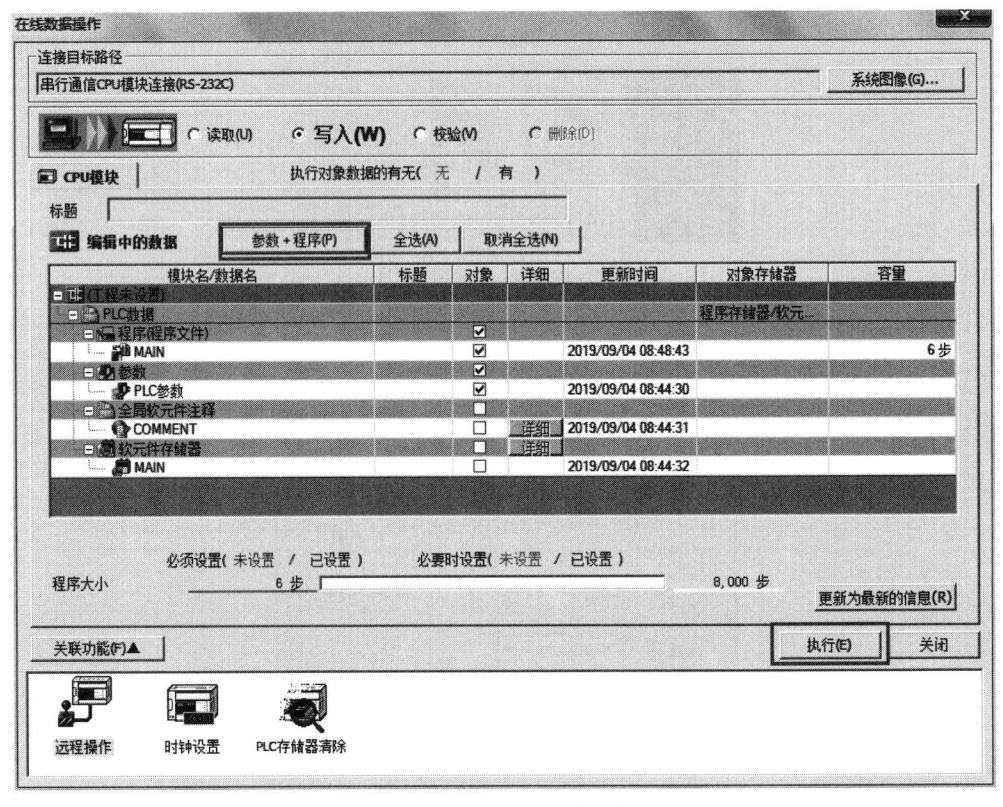

图 2-1-52　程序传输执行

步骤18：完成后单击"关闭"命令。

步骤19：将PLC的运行模式打到"RUN"模式。

六、电动机自锁控制PLC程序设计

1. 自锁介绍

电气控制中的自锁作用是依靠接触器自身的辅助触点而使其线圈保持通电。

因为按下启动按钮时接触器已经吸合，辅助触头也已经吸合，辅助触头下方电源也开始给线圈送电，所以启动按钮松开，辅助触头下方还在送电，这样接触器就形成了自锁，而按下停止按钮，电源断电，接触器断开，所以辅助触头下方电源也就不起作用，这就是接触器自锁的原理。

在 PLC 应用中，自锁一般指当按下启动按钮后，输出线圈得电；在按钮松开后，输出线圈能够作为输入信号，保持线圈一直得电状态。

2. 电动机自锁 PLC 程序设计

（1）确定输入/输出（表 2-1-6）

表 2-1-6　确定输入/输出

输入	元器件名称	输出	元器件名称
X0	启动按钮	Y0	继电器 KM1
X1	停止按钮	—	—

（2）确认程序设计要求

按下启动按钮，继电器 KM1 得电，松开启动按钮后继电器 KM1 继续工作。

按下停止按钮，继电器 KM1 停止工作。

（3）程序设计

①启动程序设计，如图 2-1-53 所示。

图 2-1-53　启动程序设计

②完成程序设计，如图 2-1-54 所示。

图 2-1-54　交流电机自锁控制程序设计

实训3　电动机点动控制PLC程序设计

实训名称	电动机点动控制 PLC 程序设计
实训内容	接触器点动控制 PLC 原理图认知，按照项目要求完成主电路和控制电路的安装接线，编写 PLC 控制程序，并进行上电测试，实现点动控制电动机运行
实训目标	1. 掌握接触器点动控制 PLC 图纸的识读方法； 2. 掌握元器件的安装接线方式； 3. 能够完成 PLC 程序的编写，实现点动控制电动机运行
实训课时	6 课时
实训地点	PLC 实训室

实训4　电动机自锁控制PLC程序设计

实训名称	电动机自锁控制 PLC 程序设计
实训内容	电动机自锁控制原理图认知，完成电路的接线，完成 PLC 程序的编写和调试，实现电动机的自动运行
实训目标	1. 掌握电动机自锁控制电路图纸的识读方法； 2. 掌握 PLC 程序的编写、PLC 编程软件的使用； 3. 能够对 PLC 程序进行调试
实训课时	8 课时
实训地点	PLC 实训室

练习题

1. 判断题

（1）PLC 的编程语言主要有梯形图、指令表、顺序功能图、功能文本、结构模块。

（　　）

（2）三菱 FX1N-40MR，输入在 PLC 的上端。　　　　　　　　（　　）

（3）LD 是取指令。　　　　　　　　　　　　　　　　　　（　　）

（4）ANI 是与非指令，LDI 是取反指令。　　　　　　　　　　（　　）

2. 填空题

（1）AND 是_____指令。

（2）LD 是_____指令。

（3）OUT 是_____指令。

（4）PLC 的编程语言主要有：_____、_____、_____、_____、_____。其中，最常用的编程语言是_____。

3. 简答题

（1）画出 PLC 自锁控制电机启动程序。（要求：包含启动按钮，停止按钮。）

（2）按下启动按钮 X0，线圈 Y0 得电。松开按钮 X0 后，线圈 Y0 失电。

（3）按下按钮 X0 或 X1 后线圈 Y0 能够得电；松开按钮 X0 或 X1 后，线圈仍然得电；按下按钮 X2 后，线圈立刻失电。

任务完成报告

姓名		学习日期	
任务名称	电动机自锁控制 PLC 程序设计		
学习自评	考核内容	完成情况	
	1. 了解输入输出继电器以及简单编程指令的概念	□好　□良好　□一般　□差	
	2. 掌握 PLC 基本编程指令的使用方法	□好　□良好　□一般　□差	
	3. 掌握 PLC 编程软件的基本操作	□好　□良好　□一般　□差	

续表

学习心得	

任务 2　电动机正反转 PLC 控制系统安装调试

电力拖动中学习过利用继电器—接触器实现电动机的正反转运行，本任务利用 PLC 来完成电动机的正反转运行控制。对 PLC 进行编程能够实现以下功能：当按下正转启动按钮时，电动机正转运行；按下停止按钮时，电动机停止运行；按下反转启动按钮时，电动机反转运行。

本任务的主要内容涉及电气图纸的认识，程序设计的方法，电气系统的安装接线与调试。其中，重点内容为 PLC 程序的设计，难点内容为控制系统的安装调试。

知识目标

1. 了解梯形图的特点及编程规则；
2. 了解 PLC 的 I/O 点的总数及地址分配；
3. 掌握电气图纸的控制原理；
4. 掌握 PLC 的安装及接线操作规范；
5. 掌握 PLC 控制电动机正反转系统的调试流程。

能力目标

1. 能够认识梯形图和编程规则；

项目2 交流电动机控制系统安装调试

2. 能够熟悉 I/O 点的总数及地址分配；
3. 能够识读电气图纸；
4. 能够根据图纸规范地进行安装接线操作；
5. 能够对 PLC 控制电动机正反转系统进行电气调试。

学习内容

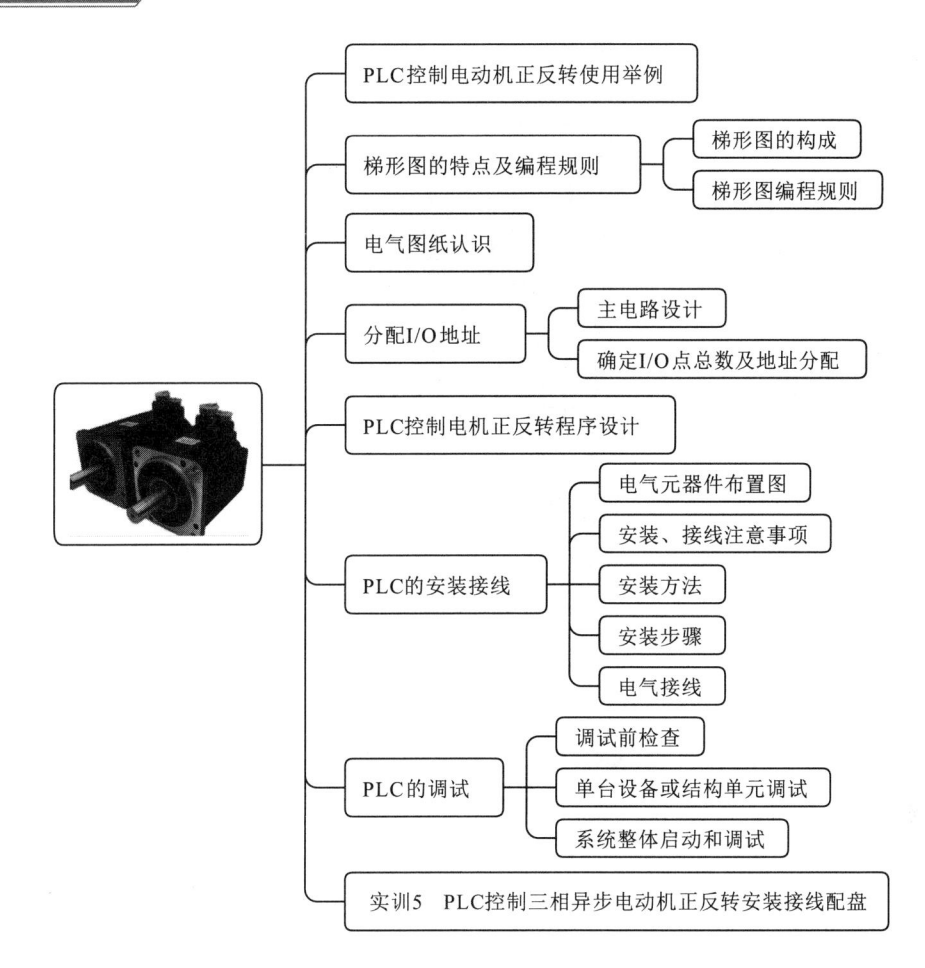

```
                    ├── PLC控制电动机正反转使用举例
                    │
                    ├── 梯形图的特点及编程规则 ──┬── 梯形图的构成
                    │                          └── 梯形图编程规则
                    │
                    ├── 电气图纸认识
                    │
                    ├── 分配I/O地址 ──┬── 主电路设计
                    │                └── 确定I/O点总数及地址分配
                    │
                    ├── PLC控制电机正反转程序设计
                    │
                    │                  ┌── 电气元器件布置图
                    │                  ├── 安装、接线注意事项
                    ├── PLC的安装接线 ─┼── 安装方法
                    │                  ├── 安装步骤
                    │                  └── 电气接线
                    │
                    │                  ┌── 调试前检查
                    ├── PLC的调试 ─────┼── 单台设备或结构单元调试
                    │                  └── 系统整体启动和调试
                    │
                    └── 实训5 PLC控制三相异步电动机正反转安装接线配盘
```

一、PLC控制电动机正反转使用举例

在生产应用中，经常要求电动机具有正反转控制功能。例如，电梯上下运行，行车的上下提升和左右运行，数控机床的进刀退刀等均需要对电动机进行正反转控制。图2-2-1所示为电梯的上下运行控制。按下高楼层按钮时，电梯上升；按下低楼层按钮时，电梯下降。

二、梯形图的特点及编程规则

PLC是通过预先编好的程序来实现对不同生产过程的自动控制，而梯形图（LAD）是目前使用最多的一种编程语言，它是以触点符号代替传统电气控制回路中的按钮开关、接触器、继电器触点等部件的一种编程语言。

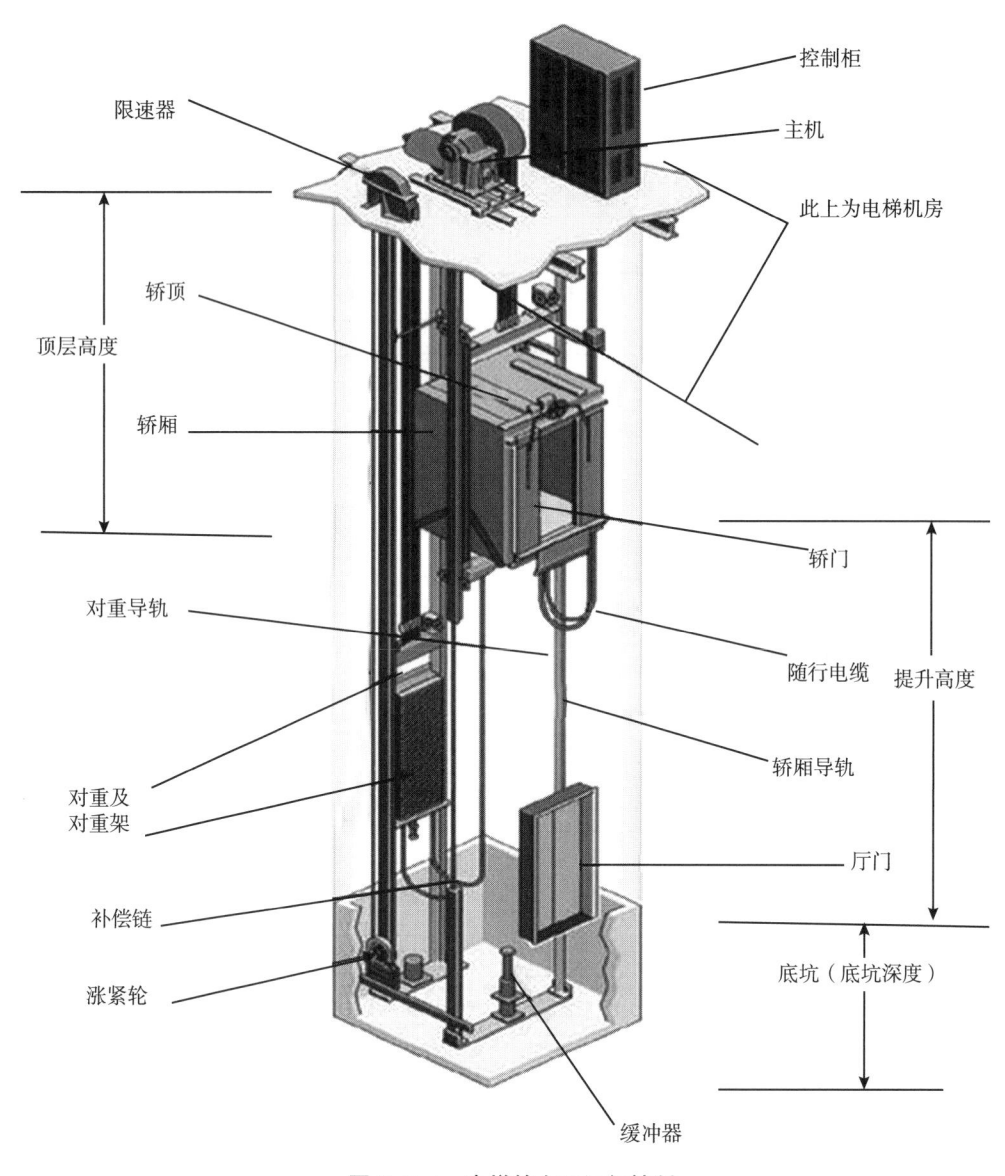

图中标注：控制柜、主机、此上为电梯机房、限速器、轿顶、顶层高度、轿厢、轿门、对重导轨、随行电缆、提升高度、轿厢导轨、对重及对重架、厅门、补偿链、底坑（底坑深度）、涨紧轮、缓冲器

图 2-2-1　电梯的上下运行控制

> **想一想：**
>
> 我们生活中还有哪些需要电动机正反转的场景？（思考1～2分钟）

1. 梯形图的构成

梯形图主要是由母线、触点、线圈构成的，如图 2-2-2 所示为梯形图的构成及符号含义。图中左、右的垂直线称为左、右母线；触点对应电气控制原理图中的开关、按钮、继电器触点、接触器触点等电气元件；线圈对应电气控制原理图中的继电器线圈、接触器线圈等，通常用来控制外部的指示灯、电动机、继电器线圈、接触器线圈等。

```
启动按钮                                    启动   停止
  SB1    停止按钮    KM                      X0    X1         Y0
   ╱      ╲        ┌─┐                    ─┤├──┤/├─────────○────    右
   ─      ─        └─┘                左                 输出线圈     母
         SB2       接触器               母    ┌─┤├─┐                  线
                    线圈               线    │ Y0 │
    KM自锁触点                               └ 自锁 ┘
```

继电接触控制电路图　　　　　　　　　　PLC梯形图语言

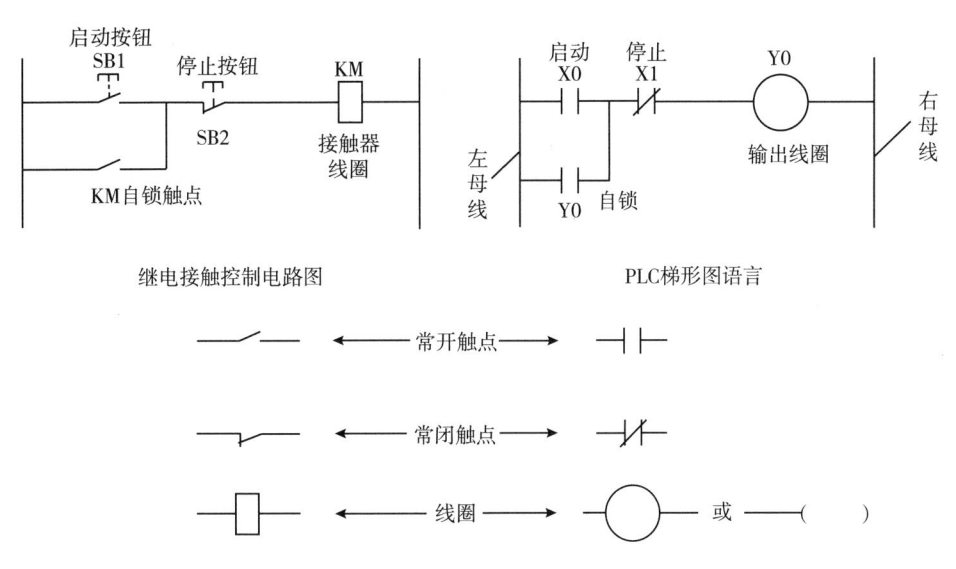

─╱─　←──常开触点──→　─┤├─

─╲─　←──常闭触点──→　─┤/├─

─□─　←──线圈──→　─○─　或　─( )─

图 2-2-2　梯形图的构成及符号含义

> **分组讨论：**
> 四人一组分组讨论，并完成表2-1-1。（讨论4～8分钟）

表 2-2-1　讨论表

序号	问题	回答
1	启动按钮是 SB1 吗？	
2	SB1 接线是常开触点还是常闭触点？	
3	常开触点在电气原理图中是怎么画的？	
4	常闭触点在电气原理图中是怎么画的？	
5	常开触点在梯形图中是什么样的？请画出来。	
6	常闭触点在梯形图中是什么样的？请画出来。	
7	SB2 是什么按钮？	
8	SB2 按钮接线是常闭触点吗？	
9	KM 代表的是什么？	
10	KM 在电气原理图中是怎么画的？	
11	KM 的输出线圈在梯形图中是怎么画的？	
12	完成了上面问题后，我们是不是可以将触点或线圈在梯形图中画出来？	

（1）母线

梯形图中两侧的竖线称为母线，在分析梯形图的逻辑关系时，可参照电气控制原理图的分析方式。图 2-2-3 所示为典型电气控制原理图，电流由电源的正极流出，经按钮 SB1 加到灯泡 HL 上，与电源负极构成一个完整的回路，灯泡 HL 点亮。

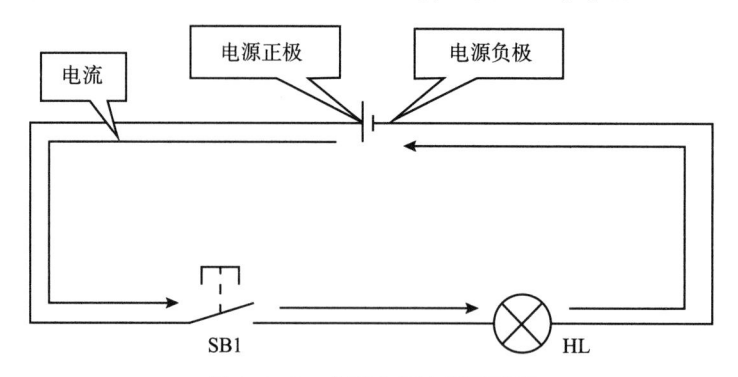

图 2-2-3　典型电气控制原理图

假定左母线代表电源正极，右母线代表电源负极，母线之间有"能流"，能流代表电流，从左向右流动，即能流由左母线经触点 X0 加到线圈 Y0 上，与右母线构成一个完整的回路，线圈 Y0 得电。图 2-2-4 为典型电气控制原理图对应的梯形图。

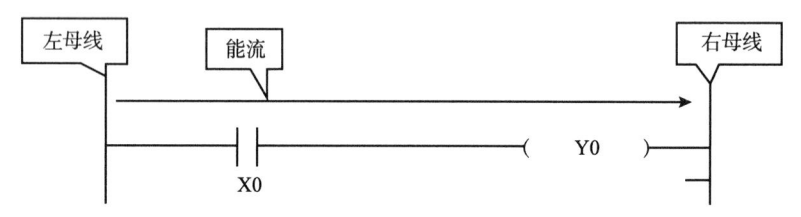

图 2-2-4　典型电气控制原理图对应的梯形图

（2）触点

PLC 的梯形图中有两类触点，分别为常开触点和常闭触点。触点的通断情况与触点的逻辑赋值有关，若逻辑赋值为"0"，常开触点断开，常闭触点断开；若逻辑赋值为"1"，常开触点闭合，常闭触点闭合。表 2-2-2 为 PLC 梯形图中触点的含义。

表 2-2-2　PLC 梯形图中触点的含义

触点符号	代表含义	逻辑赋值	状态	常用地址符号
	常开触点	"0"或"OFF"时	断开	X、Y、M、T、C
		"1"或"ON"时	闭合	
	常闭触点	"1"或"ON"时	断开	
		"0"或"OFF"时	闭合	

图 2-2-5 为 PLC 梯形图内部触点的动作过程。

> **思考：**
> 图2-2-5中，当常开触点X1和X2赋值为多少时，线圈Y0才可得电？

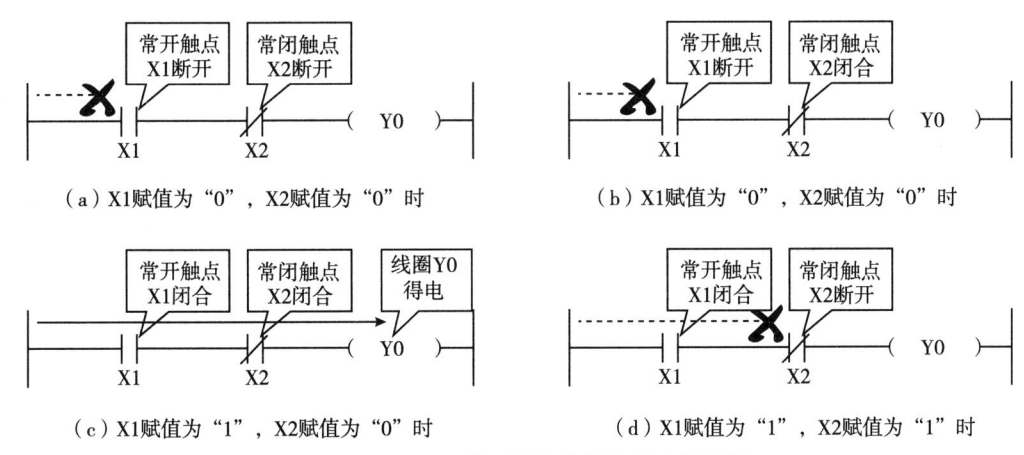

(a) X1赋值为"0", X2赋值为"0"时　　　　(b) X1赋值为"0", X2赋值为"0"时

(c) X1赋值为"1", X2赋值为"0"时　　　　(d) X1赋值为"1", X2赋值为"1"时

图 2-2-5　PLC梯形图内部触点的动作过程

（3）线圈

PLC的梯形图中线圈种类有很多，如图2-2-6所示为线圈种类。

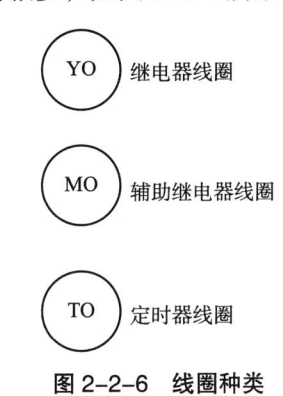

Y0　继电器线圈

M0　辅助继电器线圈

T0　定时器线圈

图 2-2-6　线圈种类

线圈的通断情况与线圈的逻辑赋值有关，若逻辑赋值为"0"，线圈失电；若逻辑赋值为"1"，线圈得电。表2-2-3为PLC梯形图中线圈的含义。

表 2-2-3　PLC梯形图中线圈的含义

触点符号	代表含义	逻辑赋值	状态	常用地址符号
Y0	线圈	"0"或"OFF"时	失电	Y、M、T、C
		"1"或"ON"时	得电	

2. 梯形图编程规则

① PLC梯形阶梯都是始于左母线，终于右母线（通常可以省掉不画，仅画左母线）。每行的左边是接点组合，表示驱动逻辑线圈的条件，而表示结果的逻辑线圈只能接在右边的母线上。接点不能出现在线圈右边。如图2-2-7所示为触点不应在感应线圈右边。

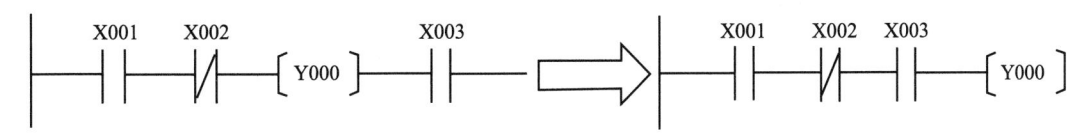

图 2-2-7　触点不应在感应线圈右边

②接点应画在水平线上，不应画在垂直线上。如图 2-2-8 所示为连接线画水平线。

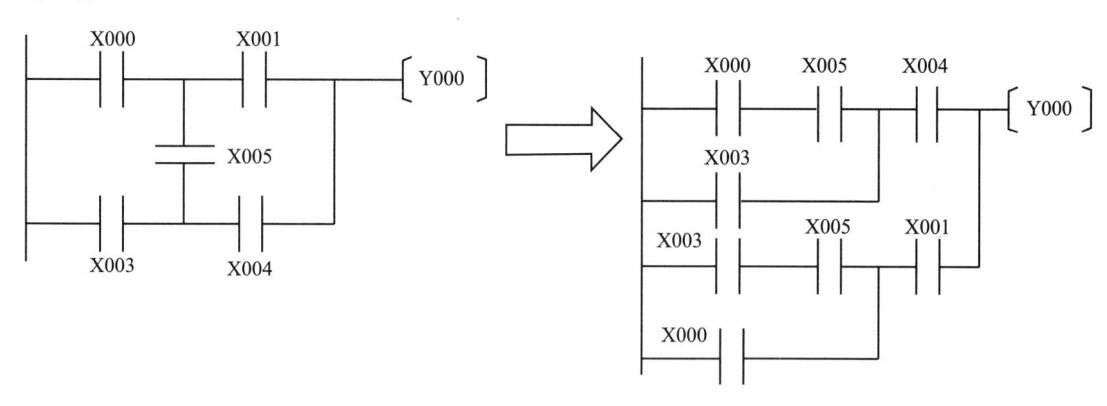

图 2-2-8 连接线画水平线

③并联块串联时，应将接点多的去路放在梯形图左方（左重右轻原则）；串联块并联时，应将接点多的并联去路放在梯形图的上方（上重下轻原则）。这样做，程序简洁，能减少指令的扫描时间，这对于一些大型的程序尤为重要。如图 2-2-9 所示为这两个原则的示例。

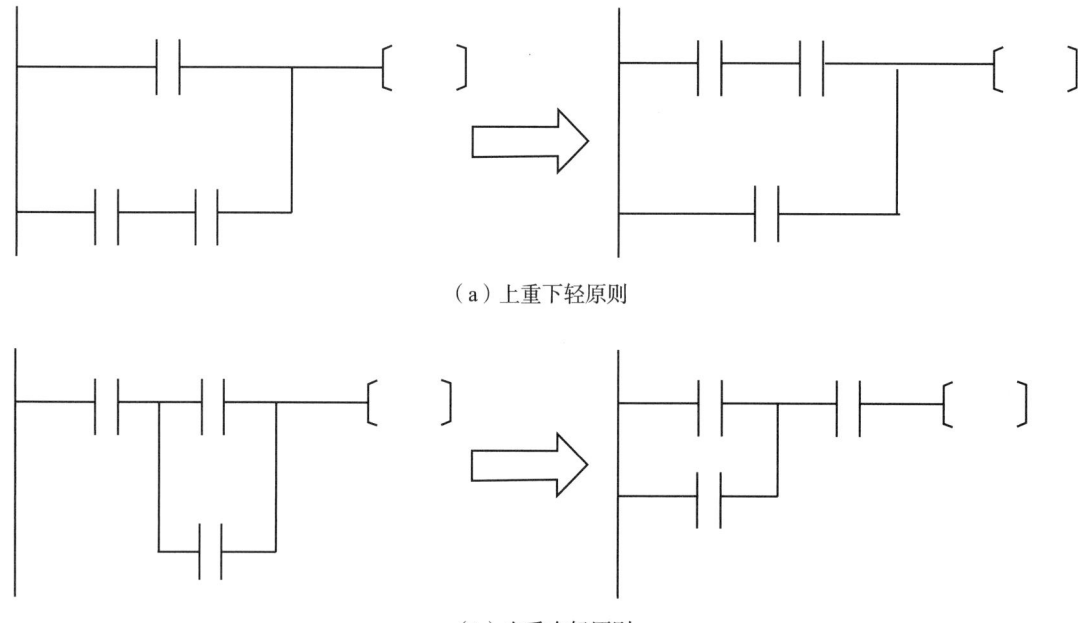

（a）上重下轻原则

（b）左重右轻原则

图 2-2-9 两个原则的示例

④不宜使用双线圈输出。若在同一梯形图中，同一组件的线圈使用两次或两次以上，则称为双线圈输出或线圈的重复利用。双线圈输出是一般梯形图初学者容易犯的毛病之一。在双线圈输出时，只有最后一次的线圈才有效，而前面的线圈是无效的。这是由 PLC 的扫描特性所决定的。

学习完梯形图的知识后，相互讨论，完成表 2-2-4：

表 2-2-4 PLC 梯形图相关知识问题

序号	问题	回答
1	梯形图中左侧母线相当于电源正极还是负极？	
2	梯形图中常开触点为"1"时，是接通还是断开？	
3	梯形图中常开触点为"0"时，是接通还是断开？	
4	梯形图中常闭触点为"1"时，是接通还是断开？	
5	梯形图中常闭触点为"0"时，是接通还是断开？	
6	梯形图中，线圈赋值为"0"时，是得电还是失电？	
7	梯形图中，线圈赋值为"1"时，是得电还是失电？	
8	梯形图编程规则的四个要点是什么？	

三、电气图纸认识

图 2-2-10 为继电器—接触器控制电机正反转电气原理图，写出继电器—接触器控制电机正反转的原理。

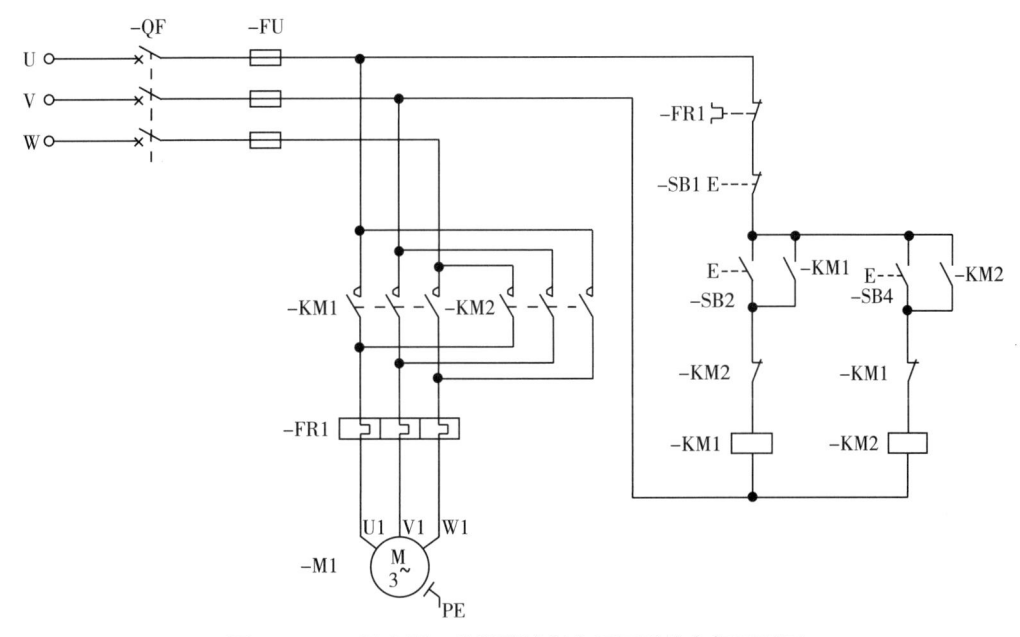

图 2-2-10 继电器—接触器控制电机正反转电气原理图

图 2-2-11 所示为 PLC 控制电动机正反转系统电气原理图。

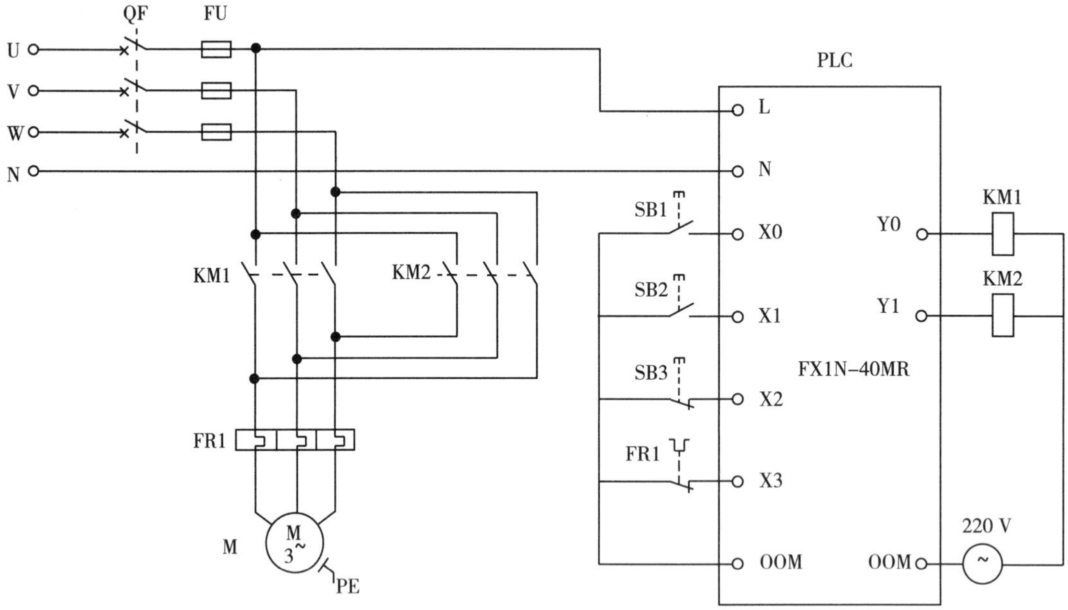

图 2-2-11 PLC 控制电动机正反转系统电气原理图

四、分配 I/O 地址

1. 主电路设计

如图 2-2-11 所示，主电路采用了 4 个电气元件，分别为断路器 QF、交流接触器 KM1 和 KM2、热继电器 FR1。其中，KM1 和 KM2 的线圈与 PLC 的输出点连接，FR1 的辅助触点与 PLC 的输入点连接，这样可以确定主电路中需 1 个输入点与 2 个输出点。

2. 确定 I/O 点总数及地址分配

在控制电路中还有 3 个控制按钮，即正转启动按钮 SB1、反转启动按钮 SB2、停止按钮 SB3，因此，控制电路中需要 3 个输入点。这样整个系统总的输入点数为 4 个，输出点数为 2 个。I/O 地址分配见表 2-2-5。

表 2-2-5 I/O 地址分配表

序号	输入信号		输出信号	
1	X0	正转启动按钮 SB1	Y0	交流接触器 KM1
2	X1	反转启动按钮 SB2	Y1	交流接触器 KM2
3	X2	停止按钮 SB3		
4	X3	热继电器 FR1		

五、PLC 控制电机正反转程序设计

前面学习了由继电器—接触器控制原理图转换为梯形图程序的设计方法，下面介绍采用 PLC 典型梯形图程序，逐步增加相应功能的编程方法来编程。

第一步：根据不同的控制功能，按单个功能块进行设计。

例如，在当前项目中先不考虑正转与反转之间的关系，就可以看作一个正转电动机的启停控制和一个反转电动机的启停控制。

电动机正转时，有启动按钮 SB1、停止按钮 SB3、输出交流接触器为 KM1；

电动机反转时，有启动按钮 SB2、停止按钮 SB3、输出交流接触器为 KM2。

根据表 2-2-3 所示的 I/O 地址分配可分别设计出正转和反转控制程序，如图 2-2-12 所示为正反转控制程序。

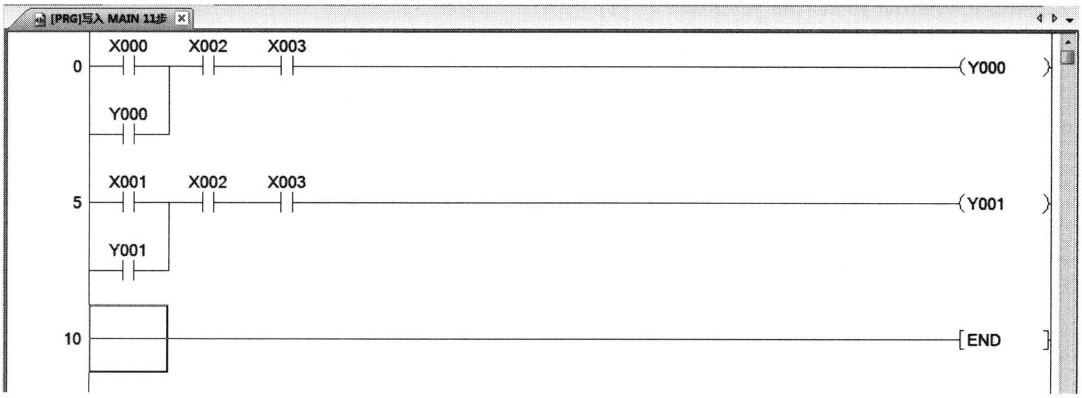

图 2-2-12　正反转控制程序

第二步：考虑到两交流接触器不能同时输出的问题，需要在各自的逻辑行中增加具有互锁功能的动断触点，如图 2-2-13 所示为接触器互锁的正反转程序。

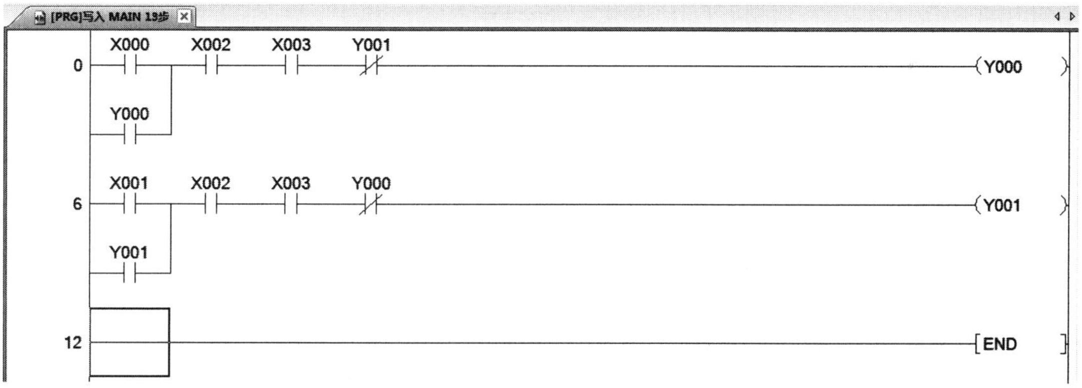

图 2-2-13　接触器互锁的正反转程序

讨论：

是不是电气原理图用常开触点，梯形图中也使用常开触点？讨论完毕，写在纸上，老师随机抽取学生回答。

图 2-2-10 继电器—接触器控制电机正反转电气原理图中，左边部分为主电路中，右边部分为控制电路（辅助电路）。

对比图 2-2-10 继电器—接触器控制电机正反转电气原理图和图 2-2-13 接触器互锁的正反转程序和表 2-2-4 I/O 地址分配表，我们发现电气原理图中使用常开触点，但是梯形图中未必使用常开指令，也可以使用常闭指令；同理，电气原理图中使用常闭触点，但是梯形图中未必使用常闭指令，也可以使用常开指令。

比如 SB1 和 SB2 电气原理图中使用常开触点，梯形图中使用常开指令；但是 FR1 在电气原理图中使用常闭触点，梯形图中使用常开指令。电气原理图触点和梯形图指令对比见表 2-2-6。

表 2-2-6 电气原理图触点和梯形图指令对比

电气原理图			梯形图	
元器件符号	接线的触点	触点符号	指令符号	指令触点符号
SB1	常开		X0	
SB2	常开		X1	
SB3	常闭		X2	
FR	常闭		X3	

我们需要知道，电气原理图中使用常开触点，但是梯形图中未必使用常开指令，也可以使用常闭指令；电气原理图中使用常闭触点，但是梯形图中未必使用常闭指令，也可以使用常开指令。

例如，图 2-2-11 PLC 控制电动机正反转系统电气原理图中，FR 使用的是常闭触点，若改为常开触点，则图 2-2-13 接触器互锁的正反转程序中，X3 需要使用常闭指令，才能达到正常情况下是接通线路的目的。表 2-2-7 为原理图与梯形图接通与断开状态对比。

表 2-2-7 原理图与梯形图接通与断开状态对比

原理图中的 FR 触点	梯形图中的 FR 触点	状态
常开	常开	断开状态
常开	常闭	接通状态
常闭	常开	接通状态
常闭	常闭	断开状态

> **拓展：**
> 在完成PLC控制电机正反转程序设计后，如果我们再用按钮之间互锁的情况，在各自的逻辑行中增加具有按钮互锁功能的动断触点，在图2-2-13接触器互锁的正反转程序基础上，增加按钮、接触器互锁的正反转程序。该任务由学生完成。

六、PLC的安装接线

PLC控制电机正反转系统由两个实训项目组成，一个是插接线形式，另一个是网孔板配盘形式，这两种形式都需要掌握，下面介绍PLC控制电机正反转系统的配盘。

回顾以前的知识，我们学习了电气成套图纸主要包括电气原理图、电气接线图、电气布置图以及系统图、大样图等。对于经验丰富的技术人员，能够根据原理图完成电气控制系统的安装接线；实际工程中，电气系统的安装接线主要根据电气元件布置图和电气接线图。现充分利用学校现有设备，使用PLC实训台上型号为FX1N-40MR的PLC，电气原理图见图2-2-11。

1. 电气元器件布置图

在工程实际中，电气元器件需要布局安装在电气控制柜内的安装板上，安装板的大小及电控柜的大小均由电气控制系统中元器件的数量和尺寸及安装方式决定。鉴于本教材用于教学，本节将以教学专用安装网孔板作为安装板，进行电气布局图的设计。

> **讨论：**
> 回顾我们之前学的电气元器件布置图，都由哪些部分组成。

绘制电气布置图之前，需要确定每个电气元器件的型号，所以在设计电气布置图之前，需要确定PLC控制电机正反转电路中需要的电气元器件，也就是电气元器件的合理选型，详细标明所使用元器件的型号、品牌、数量以及其他特殊要求等信息，如表2-2-8所示。电气元器件的选型方法参照上学期项目2电机正反转控制电路的安装。PLC控制电机正反转系统元器件布置图如图2-2-14所示。

表 2-2-8 关键电气元件明细表

名称	代号	型号	品牌	数量	备注
断路器	QF1	HDBE-63 C63 3P+N	德力西	1	10A
熔断器	FU	RT28N-32	正泰	3	圆筒形熔断器底座适配10A 熔芯
交流接触器	KM1/KM2	CJ20-10	正泰	2	380V 线圈
热继电器	FR	NR4-63	正泰	1	—
按钮	SB1/SB2/SB3	LA4-3H	正泰	1	按钮盒，有3个1开1闭按钮，颜色为绿、黑、红

续表

名称	代号	型号	品牌	数量	备注
PLC	PLC	FX3SA-30MT	三菱	1	—

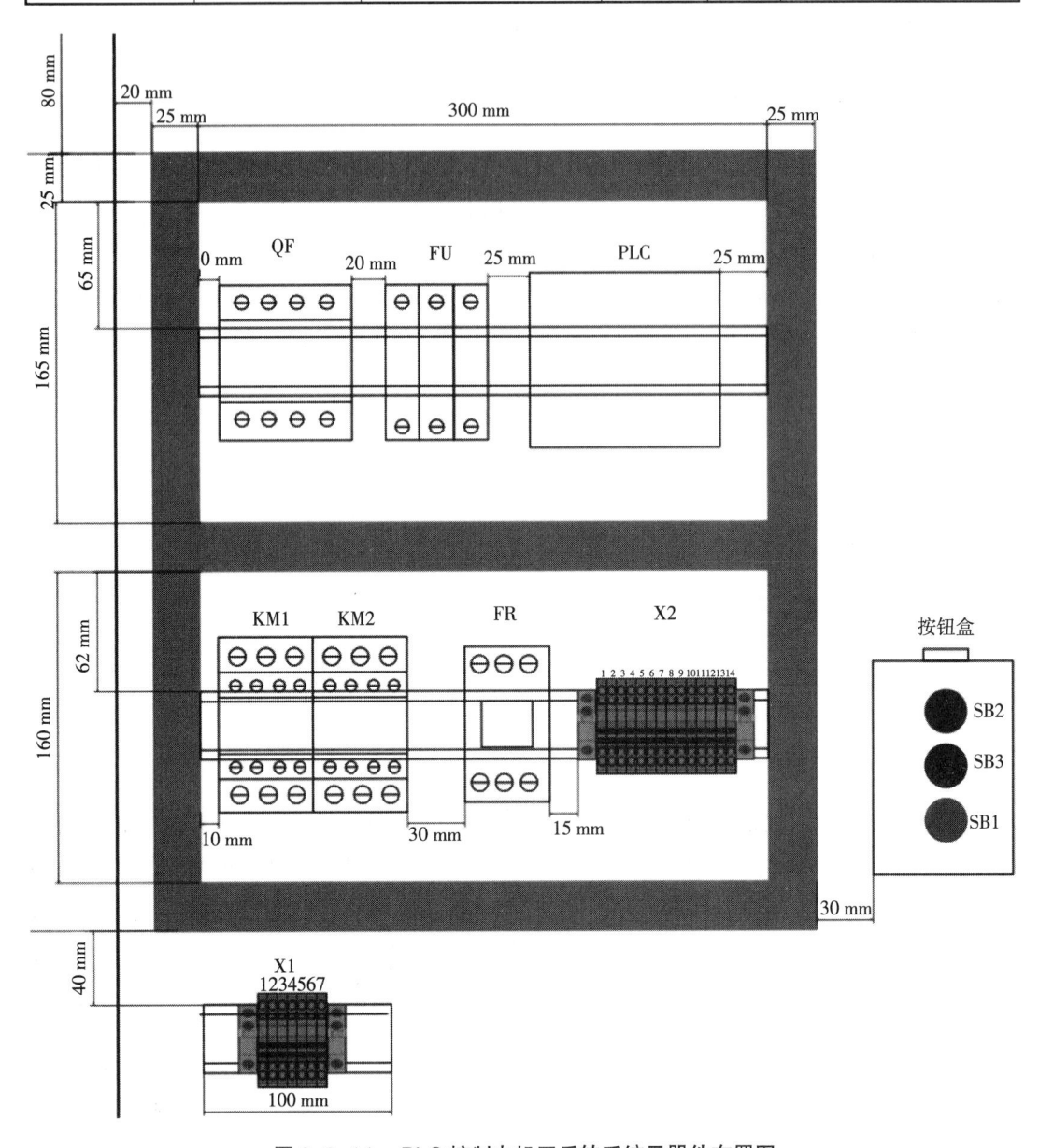

图 2-2-14　PLC 控制电机正反转系统元器件布置图

由图 2-2-14 可以看到，每个电气元器件的型号和数量，都在表格中详细标明，电气安装人员根据表格明细选择电气元器件进行安装。电气元件布置图中，安装板及电气元器件的尺寸均为实际尺寸，才能体现出每个元器件的安装位置所占的空间及相互之间的距离（每个元器件之间的间隙都有一定的要求）。总之，电气元器件布置图的目的就是清晰地表示每个电气元器件的型号及在控制柜安装板中（本教学为网孔板）的安装位置。

2. 安装、接线注意事项

（1）安装注意事项

①请不要在下列场所使用：

1）有灰尘、油烟、导电性尘埃、腐蚀性气体、可燃性气体的场所；

2）暴露于高温、结露、风雨的场所；

3）有振动、冲击的场所。

②为防止温度上升，切勿在底部、顶部及竖直方向安装。应在壁面上水平安装。

③实际工程中 PLC 主机和其他设备或构造物之间留出 50mm 以上空间，在本实训项目中 PLC 主机和其他设备留出 5mm 空间即可。尽量避开高压线、高压设备、动力设备。

（2）接线注意事项

①在进行安装、接线、布线等操作时，一定要先切断所有外部电源，以免引起触电及产品损坏。

②在安装、接线、布线等工作结束后，进行通电、运行前，必须先装上产品附带的端子盖板，以免触电。

③可编程控制器的信号输入线和信号输出线不能在同一电缆上通过。

④不能将信号输入线和输出线与其他动力线、输出线在同一管道中通过，也不能捆扎在一起。

⑤若按上述注意事项执行，输入输出布线即使长达 50~100m，也几乎没有噪声问题。但一般为安全起见，布线长应在 20m 以内。

（3）电源规格和外部布线注意事项

FX1N 可编程控制器基本单元电源规格如表 2-2-9 所示。

表 2-2-9　FX1N 可编程控制器基本单元电源规格

项目	FX1N-14M	FX1N-24M	FX1N-40M	FX1N-60M
额定电压	AC100~240V			
电压允许范围	AC85~264V			
额定频率	50/60HZ			
允许瞬停时间	10ms 以下			
电源保险丝	250V 1A		250V 3.15A	
冲击电流	最大 15A 5ms 以下 /AC 100V 最大 25A 5ms 以下 /AC 200V			
功耗（W）※1	29w	30w	~~35w~~ 32w	~~40w~~ 35w
传感器电源	DC 24V 400mA（与扩展模块的连接无关）			

注：※1：输入电流部分（7mA/1 点、5mA/1 点）也包含在内。

①AC 电源型（交流电源型）：

1）电源接在 L、N 端子（AC 100V 系列与 AC 200V 系列共用）之间。

2）24＋、COM 端子可以作为传感器供给电源 400mA/DC 24V 使用，另外，这个端子不能由外部电源供电。

3）端子是空端子，请不要对其进行外部接线或作为中继端子使用。

4）基本单元和扩展单元的 24＋端子请不要相互连接。

5）基本单元和扩展单元的 COM 端子请相互连接。

② DC 电源型（直流电源型）（表 2-2-10）：

表 2-2-10 DC 电源型

项目	FX1N-24M□-D	FX1N-40M□-D	FX1N-60M□-D
额定电压	DC12~24V		
电压允许范围	DC10.2~28.8V		
允许瞬停时间	5ms 以下		
电源保险丝	125V 3.15A		
冲击电流	最大 25A 1ms 以下 /DC24V 最大 22A 0.3ms 以下 /DC12V		
功耗（W）※1	15W	18W	20W

注：※1：输入电流部分（7mA/1 点、或是 5mA/1 点）也包含在内。

1）在○＋，○－端子 (DC 12V，DC 24V 共用) 上连接源。

2）24＋，COM 端之间为输入扩展模块用电源。请勿从外部对此端子提供电源。此外，请勿给扩展模块以外的设备提供电源。

3）请勿对端子进行外部接线或是将其作为中继端子使用。

4）请勿将基本单元和扩展单元的 24＋，COM 端子相互连接。

5）只有当使用 DC 24V(DC 20.4V 以上、DC 28.8V 以下) 时，才能够在基本单元的电源上连接扩展单元。当使用 DC 12V(DC 10.2V 以上、DC 20.4V 以下) 时，电源上仅仅能连接最多 I/O 32 点的扩展模块。

6）DC 电源型的扩展单元中没有电源。有关连接在扩展单元上的输入用扩展模块的布线。

7）基本单元与扩展模块、特殊扩展设备的电源建议使用同一个。

8）使用外部电源的情况下，要与基本单元同时上电，或比基本电源先上电。切断电源的时候，请务必确认整个系统安全后，再同时断开可编程控制器 (包含特殊扩展设备在内) 的电源。

③外部布线注意事项：

1）使用专用接线端子进行电源的接线。

2）如果把 AC 电源接入直流输入输出端子或直流电源的端子，会烧坏 PLC。

3）不要从外部电源对基本单元的 24V+ 端子供电。不要对空端子进行外部接线，否则有可能引起 PLC 损坏。

4）把基本单元的接地端子按第三种方式接地，但不要和强电系统共地。

5）电源出现不满 10ms 的瞬时断电，可编程控制器仍会继续工作。长时间停电或低电压时，可编程控制器会停止工作，输出变为 OFF，但是一旦电源恢复供电，会自动地重新开始运转 (RUN/STOP 输入为 RUN 时)。

3. 安装方法

（1）DIN 导轨安装方式

直接安装在 DIN46277（宽 30mm）导轨上即可。卸下主机时，从下方轻轻拉出 DIN 导轨安装用卡扣。如图 2-2-15 所示为 DIN 导轨安装方式。

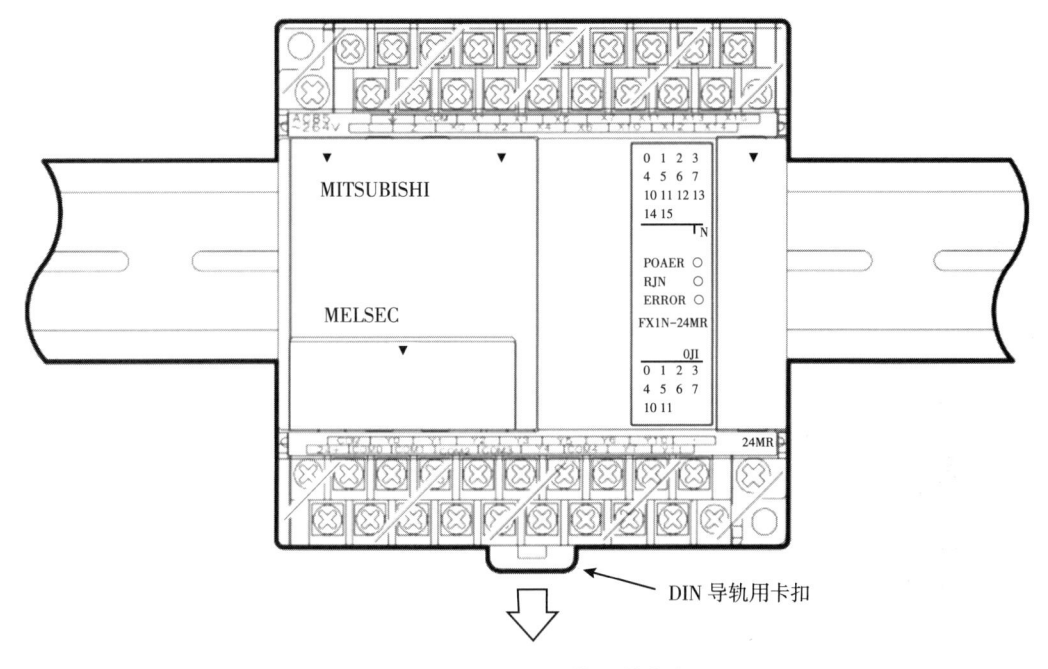

图 2-2-15　DIN 导轨安装方式

（2）直接安装

也可利用安装孔直接用 M4 螺丝安装可编程控制器，安装孔的间距和位置参照图 2-2-16 外形尺寸。但各单元之间留出 1~2mm 的间隔，如连接 FX2NC 用特殊适配器时，必须有 FX1N-CNV-BD，本实训室使用的 FX1N 系列 PLC 的输入输出扩展设备最大可扩展至 128 点，扩展模块或扩展单元只可以使用 FX 0N 系列和 FX 2N 系列，也可和 FX 0N-3A、FX 2N-16LINK-M、FX 2N-32CCL 连接。

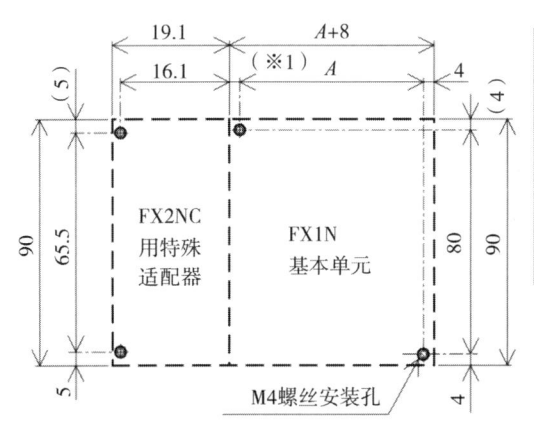

机种	A/mm
FX1N-24M	82
FX1N-40M	82
FX1N-40M	122
FX1N-60M	167

图 2-2-16　外形尺寸

4. 安装步骤

根据电气元器件布置图，即图2-2-14，进行电气元器件的布局。步骤如下：

步骤1：安装导轨和线槽。在电气图纸册中，会注明所使用的导轨和线槽的型号规格，根据电气元器件布置图中标注的线槽和导轨的安装位置及长度进行选择，并按要求固定安装。

步骤2：确认电气元器件。根据明细表，识别相应的电气元器件，确认所有电气元器件齐全完整。

步骤3：安装电气元器件。根据元器件布置图，在对应位置安装相应电气元器件。

> **思考：**
> 热继电器FR为什么要和交流接触器KM1、KM2隔开一段距离，而不是紧贴安装？我们PLC安装是否也需要和别的设备隔开一段距离？

步骤4：核对安装电路。检查核对元器件的安装是否正确，主要包括电气元件型号是否正确，安装位置是否正确，安装是否牢固等。

5. 电气接线

电气接线主要包括主电路接线和控制电路接线。一般情况下，先完成主电路接线、再完成控制电路接线。

步骤1：识读电气接线图，掌握每根导线的型号。

步骤2：识别统计线号值及对应数量。

步骤3：准备电工工具及相关辅料。

①十字形螺丝刀和一字形螺丝刀：用于元器件接线端子的拆装接线，型号大小根据元器件端子螺钉大小进行选取。

②数字万用表：用于元器件和电路的检测和验证。

③剥线钳：用于绝缘导线的剥线。

④接线裸端头：用于线头的压接。

⑤压线钳：用于将接线裸端头压接到导线上。

⑥尖嘴钳或电工剪：用于导线的切断。

步骤4：根据接线图，完成线路的连接。

下面介绍PLC线路连接方法。

①使用图2-2-17所示尺寸大小的压线端子。

②端子的拧紧扭矩为0.5~0.8N·m。为了不引起误动作，务必拧紧螺钉。

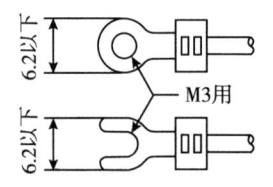

图2-2-17 尺寸大小的压线端子

步骤5：根据上述步骤，完成其他线路的连接。要按照最短路径进行走线布线；走线布线要整洁美观，禁止出现线路打结缠绕现象；布线时，不要破坏导线的绝缘层；线路连接完成后，检查接线的牢固性和正确性；最后合上线槽盖，清理网孔板。

最终完成后，如图2-2-18所示。

图 2-2-18　电机正反转控制电路安装板

七、PLC的调试

1. 调试前检查

线路安装好后，在接电前应进行如下检查。

（1）设备检查

①根据电气设备原理图检查各电气元件连接是否正确：各个元件的代号、标记是否与原理图上的一致，是否齐全。

②检查各元器件外观有无损坏；插拔接头处是否松动。

③按照标准、规程、规范及行业标准的要求，对各电气设备及各元器件的电气特性、机械特性等进行单体试验，以确保各电气设备和元器件的性能完好，符合要求。例如对熔断器进行单体实验，将数字万用表打到二极管蜂鸣挡位，红黑表笔分别搭接熔断器的上下端，检测是否通路（三个熔断器均通路，表示性能正常）；将熔芯取出，数字万用表打到600Ω挡，检测接熔断器的上下端电阻值，若为无穷大则性能正常，如图2-2-19所示。

图 2-2-19 熔断器电阻测量显示示意图

（2）导线连接检查

①各个接线插头是否连接牢固。

②各个按钮、信号灯和各种电路绝缘导线的颜色是否符合要求。

③电动机的安装是否符合要求；电动机有无卡壳现象；各种操作、复位机构是否灵活。

④保护电路导线连接是否正确、牢固、可靠。

⑤控制电路是否满足原理图所要求的各种功能。

（3）短路、断路检查

在电气控制设备尚未通电的情况下，根据系统电气原理图或接线图，对整个电气系统中的主回路、控制回路、保护回路、信号回路、报警回路等电路进行检查。使用导通法或其他方法检查其接线是否正确。

2. 单台设备或结构单元调试

PLC 控制电机正反转系统的调试，也遵循先单元测试后整体测试的原则，分为控制电路部分的调试和主电路部分的调试。

（1）控制电路调试

①断电测试。根据电气图纸，可以看出当正转按钮 SB1 按下时（按住不放），COM 端和 SB1 输出端形成通路。此时，用数字万用表打到二极管蜂鸣器挡位，将黑色表笔搭接到 SB1 按钮的出线端，红色表笔搭接到 KM1 的线圈进线端，测试是否通路（通路为正常状态），如图 2-2-20 所示。

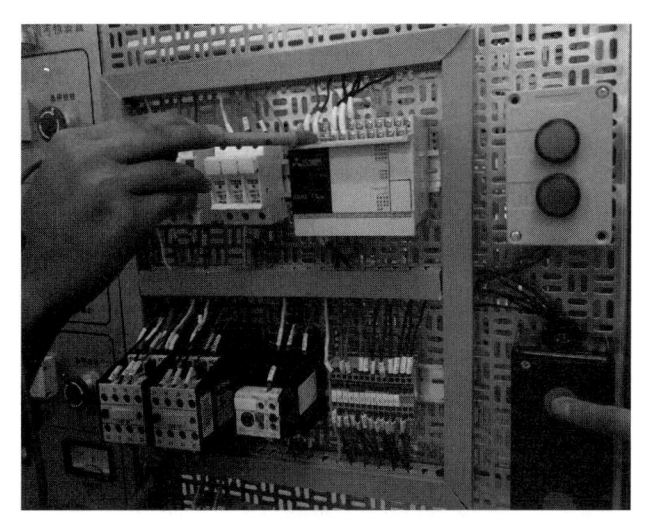

图 2-2-20 控制电路断电测试示意图

②通电测试。接上电源,将万用表打到交流电压测试挡,检测断路器 QF1 进线端的两两之间电压是否为 380V,如图 2-2-21 所示。

图 2-2-21 控制电路通电测试示意图

若电压正常,合上断路器 QF1,按下"正转"按钮,观察接触器 KM1 是否动作,按下"停止"按钮,观察 KM1 是否复位,接着按下"反转"按钮,观察接触器 KM2 是否动作,按下"停止"按钮,观察 KM2 是否复位。动作正常后,断开断路器 QF1。

(2)主电路调试

①接上电源,合上路器 QF1,按下"正转"按钮,发现交流接触器 KM1 动作;将数字万用表打到交流电压检测挡,检测输入端子两两之间电压是否为 380V;测试完毕后,按下"停止"按钮。

②继续按下"反转"按钮,发现交流接触器 KM2 动作;将数字万用表打到交流电压检测挡,检测接线端子输入端子两两之间电压是否为 380V;测试完毕后,按下"停止"按钮,如图 2-2-22 所示。

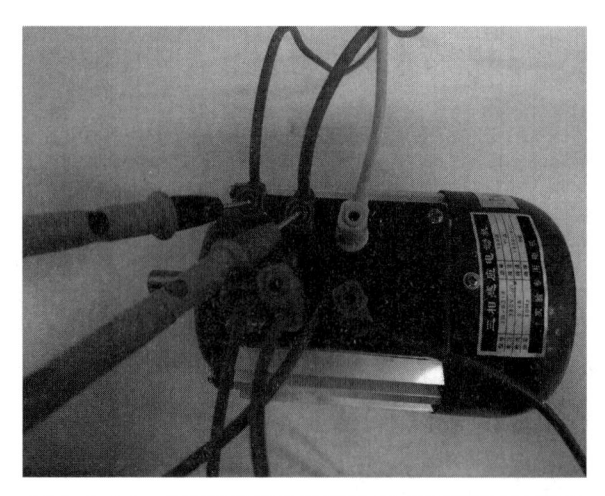

图 2-2-22　主电路外接负载接线端子电压测试示意图

3. 系统整体启动和调试

完成单台设备或单元的调试后再进行整机的联机调试。设备整体送电，将程序下载到 PLC 中，运行程序，根据设备要求进行总体调试试验。原则是手动动作无误后再进行自动的空载调试，空载调试动作无误后再进行带负载系统调试。

（1）空载调试

针对电机正反转控制电路来讲，空载调试步骤方法与主电路的调试方法相同。

（2）带负载系统调试

①按照电气接线图，连接三相感应电机负载。将 PLC 编程软件打到监视模式，如图 2-2-23 所示，软元件监控如图 2-2-24 所示。

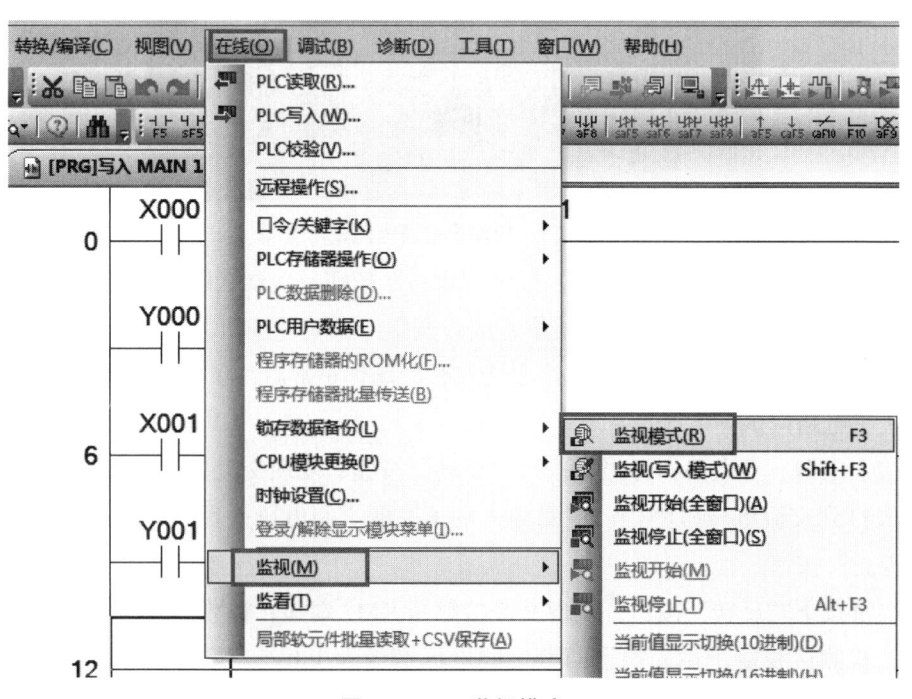

图 2-2-23　监视模式

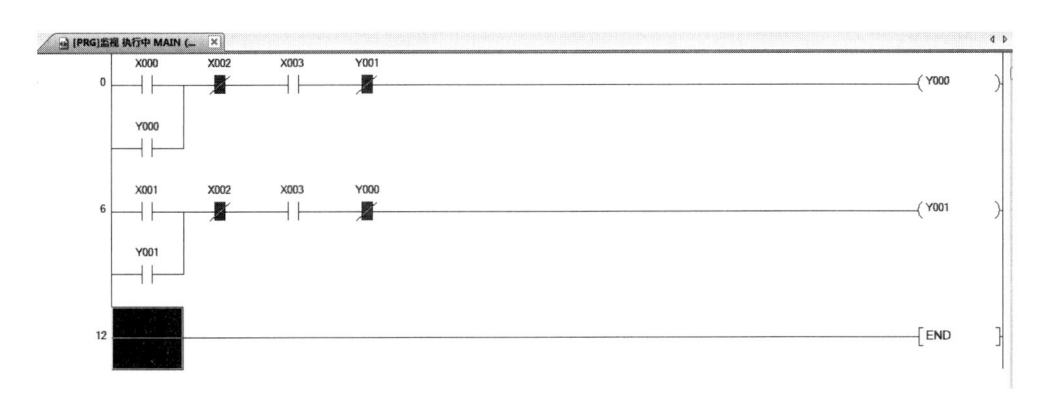

图 2-2-24 软元件监控

②按下外部启动按钮 SB1，程序中 X0 是否为 ON 状态，观察 Y0 的动作情况。
③按下外部停止按钮 SB3，程序中 X2 是否为 ON 状态，观察 Y0 的动作情况。
④按下外部启动按钮 SB2，程序中 X 是否为 ON 状态，观察 Y1 的动作情况。
⑤按下外部停止按钮 SB3，程序中 X1 是否为 ON 状态，观察 Y1 的动作情况。
⑥按下 SB1 启动按钮，电动机正转运行，按下 SB2 反转按钮，观察 Y0、Y1 输出指示灯与 KM1、KM2 的动作情况。

实训5　PLC控制三相异步电动机正反转安装接线配盘

实训名称	PLC 控制三相异步电动机正反转安装接线配盘
实训内容	PLC 控制三相异步电动机正反转控制原理图认知，完成电路的接线，完成 PLC 程序的编写和调试，实现电动机的正反转运行
实训目标	1. 掌握电动机正反转控制电路图纸的识读； 2. 掌握 PLC 程序的编写、PLC 编程软件的使用； 3. 能够对 PLC 程序进行调试
实训课时	14 课时
实训地点	PLC 实训室

练习题

1. 判断题

（1）在梯形图中，当给常开触点逻辑赋值为"1"时，输出状态为断开状态。　　（　　）
（2）电气原理图中，输入信号接的是常开触头，那么梯形图中也要使用常开指令，即 AND 指令。　　　　　　　　　　　　　　　　　　　　　　　　　　　　（　　）

2. 填空题

（1）梯形图主要是由_____、_____、_____三部分构成。
（2）我们实训室使用的 PLC 型号为_____。

3. 简答题

（1）简述梯形图的编程规则。

（2）简述 PLC 安装注意事项和 PLC 布线注意事项。

任务完成报告

姓名		学习日期	
任务名称	电动机正反转 PLC 控制系统安装调试		
学习自评	考核内容	完成情况	
	1. 认识梯形图和编程规则	□好 □良好 □一般 □差	
	2. 确定 I/O 点的总数及地址分配	□好 □良好 □一般 □差	
	3. 读懂电气图纸	□好 □良好 □一般 □差	
	4. 根据图纸规范地进行安装接线操作	□好 □良好 □一般 □差	
	5. 对 PLC 控制电动机正反转系统进行电气调试	□好 □良好 □一般 □差	
学习心得			

项目2　交流电动机控制系统安装调试

任务3　两台电动机顺序启动 PLC 程序设计及调试

本任务利用 PLC 实现两台电机的顺序启动运行控制。对 PLC 进行编程能够实现以下功能：当按下正转启动按钮时，第一台电动机启动运行；运行一段时间后，第二台电动机自动启动运行；当按下停止按钮时，两台电动机均停止运行。

本任务的主要内容涉及 PLC 定时器（T）和辅助继电器（M）的编程指令认识、分配 I/O 地址、电气图纸认识及程序设计、PLC 接线及调试。其中，重点内容为编程指令 T、M 的认识，难点内容为电气图纸认识及程序设计。

知识目标

1. 掌握编程指令 T、M；
2. 了解分配 I/O 地址；
3. 掌握两台电动机顺序启动的电气图纸认识及程序设计；
4. 掌握 PLC 接线及调试。

能力目标

1. 能够掌握编程指令 T、M，并在程序设计中运用；
2. 能够设计电机顺序启动的程序，读懂电气图纸；
3. 能够对 PLC 进行接线和调试。

学习内容

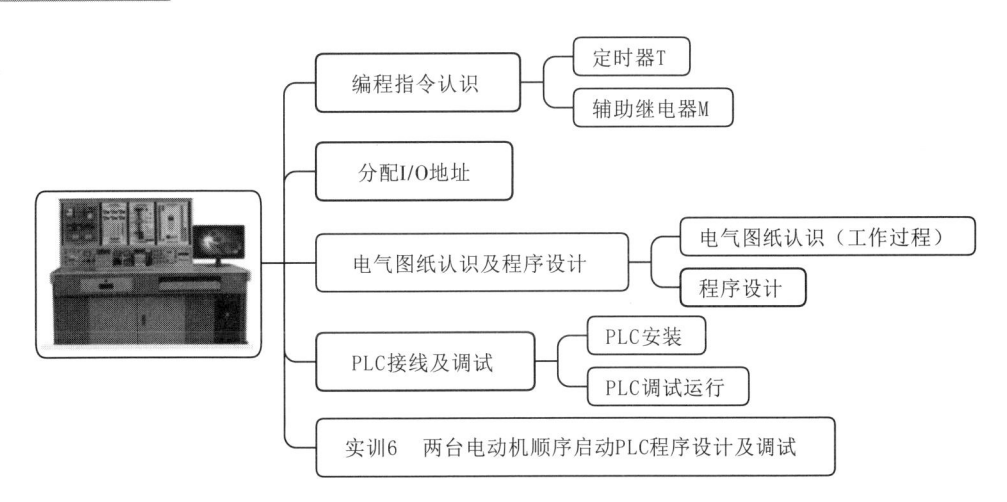

```
                    ┌── 定时器T
        编程指令认识 ┤
                    └── 辅助继电器M

        分配I/O地址

                           ┌── 电气图纸认识（工作过程）
        电气图纸认识及程序设计 ┤
                           └── 程序设计

                    ┌── PLC安装
        PLC接线及调试 ┤
                    └── PLC调试运行

        实训6　两台电动机顺序启动PLC程序设计及调试
```

在工业控制领域有许多电机顺序启动的应用，例如在物料搅拌的时候，需要先启动水泵电机在搅拌器中加一部分水，再将物料投入装置，然后启动电机。这样一前一后的启动电机不仅降低了物料搅拌时粉尘的产生，同时保证了搅拌的混合配比质量。

一、编程指令认识

对两台电动机顺序启动控制，一般要求按下启动按钮，第一台电动机 M1 启动，运行一段时间后，第二台电动机 M2 启动；按下停止按钮，两台电动机全部停止。

这是一个典型的时间控制程序，必须用 PLC 内部的定时器才能完成定时任务。所以本任务将学习定时器（T）和辅助继电器（M）。

1. 定时器 T

PLC 中的定时器 T 相当于继电接触控制系统中的通电延时型时间继电器。它可以提供无限对常开常闭延时触点。定时器中有 1 个设定值寄存器（一个字长），1 个当前值寄存器（一个字长）和 1 个用来存储其输出触点的映像寄存器（一个二进制位），这 3 个量使用同一地址编号，定时器采用 T 与十进制数共同组成编号，如 T0、T98、T199 等。

FX1N 系列中定时器可分为通用定时器和积算定时器两种。它们是通过对一定周期的时钟脉冲计数实现定时的，时钟脉冲的周期有 1ms、10ms、100ms 三种，当所计脉冲个数达到设定值时触点动作。设定值可用常数 K 或数据寄存器 D 来设置。

FX1N 系列 PLC 内部可提供 256 个定时器，其编号为 T000~T255。其中，普通定时器 246 个，积算定时器 10 个，定时器的元件号及其设定值如下。

① 100ms 定时器 T0~T199，共 200 点，计时范围：0.1~3276.7s。

② 10ms 定时器 T200~T245，共 46 点，计时范围：0.01~327.67s。

③ 1ms 积算定时器 T246~T249，共 4 点，计时范围：0.001~32.767s。

④ 100ms 积算定时器 T250~T255，共 6 点，计时范围：0.1~3276.7s。

定时器的使用说明如下。

① PLC 内的定时器是根据时钟脉冲的累积形式，将 PLC 内的 1ms、10ms、100ms 等时钟脉冲进行加法计数，当所计时间达到规定的设定值时，其常开触点闭合，常闭触点断开。

②每个定时器只有一个输入，普通定时器线圈通电时开始计时，断电时自动复位，不保存中间数值。

③定时器有两个数据寄存器，一个为设定值寄存器（字元件），另一个是当前值寄存器（字元件），一个线圈以及无数个常开/常闭触点（位元件）。这些寄存器都是 16 位。

④定时器的设定值既可以用十进制常数 K 设定，也可以用以后讲到的数据寄存器 D 设定。定时器指令形式和时序图如图 2-3-1（b）所示。

定时器定时值的公式为：

$$定时值 = 设定值 \times 时钟$$

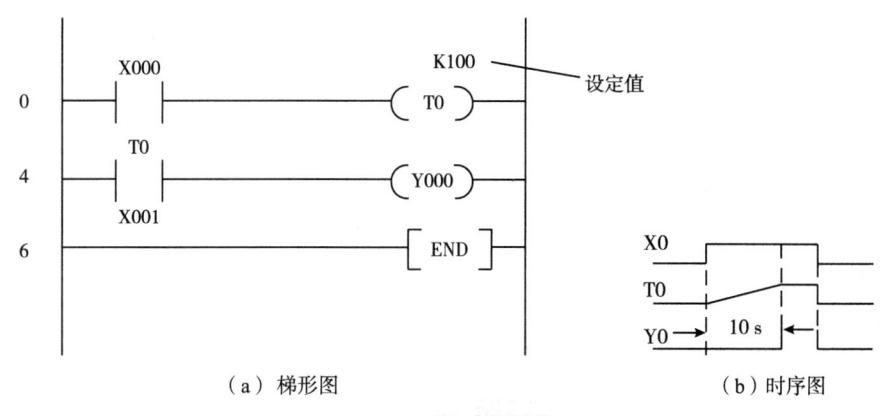

图 2-3-1 定时器的梯形图和时序图

（1）普通定时器

在图 2-3-1（a）中，当定时器线圈 T0 的驱动输入 X0 一直保持接通时，T0 开始计时，计时时间到，定时器 T0 的常开触点闭合，Y0 就有输出。当驱动输入 X0 断开或发生停电时，定时器就复位，输出触点也复位。

（2）积算定时器

积算定时器一共有 10 点，T246~T249 是 1ms 积算定时器，共 4 点；T250~255 是 100ms 积算定时器，共 6 点。

在 FX1N、FX2N 系列的 PLC 中，1ms 积算定时器有 4 点。积算定时器指令形式和时序图如图 2-3-2 所示。该图中，定时器线圈 T250 的驱动输入 X0 接通时，T250 的当前值计数器开始对 100ms 的时钟脉冲进行累积计数，当该值与设定值 K100 相等时，定时器的输出触点动作。

因此，若设定值 K 为 100，$T250$ 的时钟值为 100ms，则定时值 T 为：

$$T = K \times T250 = 100 \times 100\text{ms} = 10000\text{ms} = 10\text{（s）}$$

在计数过程中，即使输入 X0 断开或 PLC 断电，它也会把当前值［图 2-3-2（b）中的 6s］保持下来，当 X0 接通或 PLC 重新上电时，再继续累积 4s，当累积时间为 10s 时触点动作，Y0 得电。因为积算定时器的线圈断电时不会复位，所以需要用复位指令 RST 使其强制复位。

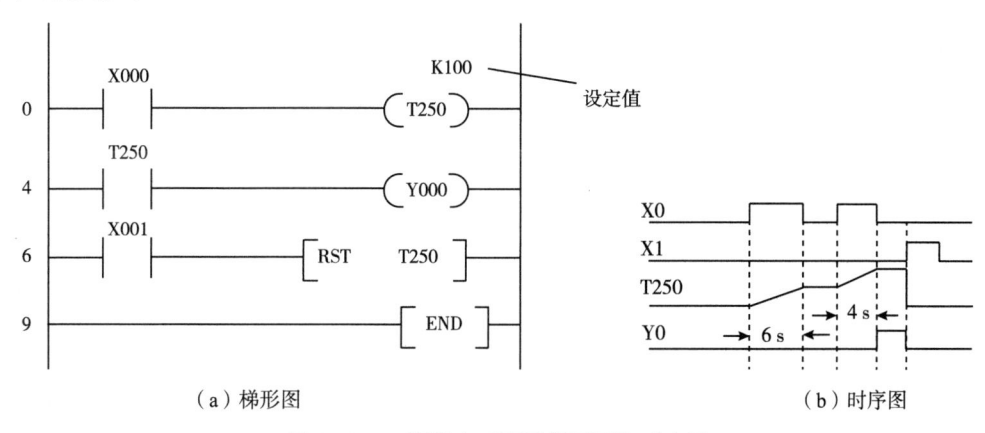

图 2-3-2 积算定时器的梯形图和时序图

> **随堂练一练：**
> 1.按下自锁开关X0，经过5秒后Y0得电，画出PLC控制梯形图。（使用定时器T200）
> 2.按下自锁开关X0，经过3秒后Y0得电，在Y0启动5秒后Y1得电，画出PLC梯形图。（使用积算定时器T250）

2. 辅助继电器 M

PLC 内部有很多辅助继电器，其作用相当于继电接触控制系统中的中间继电器，它没有向外的任何联系，且其常开常闭触点使用次数不受限制。辅助继电器不能直接驱动外部负载，只供内部编程使用，外部负载的驱动必须通过输出继电器来实现。辅助继电器采用 M 和十进制共同组成编号。在 FX 系列 PLC 中，除了输入继电器和输出继电器 Y 采用八进制，其他编程元件均采用十进制。辅助继电器主要包含以下 3 类。

（1）通用辅助继电器

FX1N 的 PLC 内部共有通用辅助继电器 500 点，即 M0~M499。

通用辅助继电器的线圈由用户程序驱动，若 PLC 在运行过程中突然断电，通用辅助继电器将全部变为 OFF。若电源再次接通，除了因外部输入信号而变为 ON 的以外，其他信号保持不变。

（2）锁存辅助继电器

FX1N 的 PLC 内部共有锁存（断电保持）继电器 524 点，即 M500~M1023。

锁存辅助继电器用于保存停电前的状态，在电源中断时，PLC 用锂电池保持 RAM 中寄存器的内容，它们只是在 PLC 重新上电后的第一个扫描周期保持断电瞬时的状态。为了利用它们的断电记忆功能，可以采用有记忆功能的电路。

设如图 2-3-3 所示是一个路灯控制程序。每晚 7 点由工作人员按下按钮 X0，点亮路灯 Y0，次日凌晨按下 X1，路灯熄灭。特别需要注意的是，若夜间出现意外停电，则 Y0 熄灭。由于 M600 是断电保持型辅助继电器，它可以保持停电前的状态，因此，在恢复来电时，M600 将保持 ON 状态，从而使 Y0 继续为 ON，灯继续点亮。

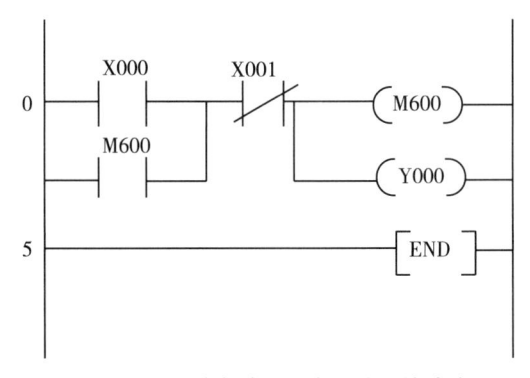

图 2-3-3 锁存辅助继电器的保持功能

（3）特殊辅助继电器

辅助继电器中 M8000~M8255 共 256 点为特殊辅助继电器，它们用来表示 PLC 的某些状态，提供时钟脉冲和标志（如进位、借位标志），设定 PLC 的运行方式，或用于步进顺控、禁止中断、设定计数器是加计数器还是减计数器等。特殊辅助继电器可分为以下两类。

①触点利用型。由 PLC 的系统程序来驱动特殊辅助继电器的线圈，在用户程序中直接使用其触点，但是不能出现它们的线圈，举例如下。

M8000（运行监视）：当 PLC 执行用户程序时 M800 为 ON，停止执行时 M8000 为 OFF；M8000 为运行监控用，PLC 运行时 M8000 接通，如图 2-3-4 所示。

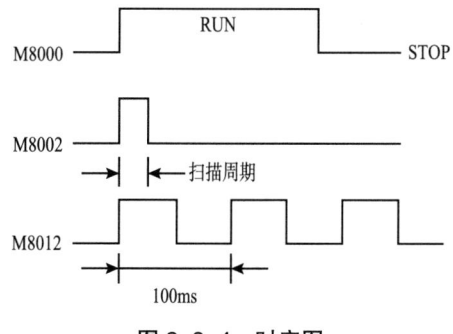

图 2-3-4　时序图

M8002（初始化脉冲）：M8002 仅在 M8000 由 OFF 变为 ON 状态时的一个扫描周期内为 ON，如图 2-3-4 所示，M8002 为仅在运行开始时瞬间接通的初始化脉冲继电器。

M8011~M8014 分别是 10ms、100ms、1s 和 1min 时钟脉冲。

M8005（锂电池电压降低时用）：电池电压下降至规定值时变为 ON，可以用它的触点驱动输出继电器和外部指示灯，提醒工作人员更换锂电池。

②线圈驱动型。由用户程序驱动特殊辅助继电器的线圈，从而使 PLC 执行特定的操作，因此用户并不使用它们的触点，举例如下。

M8030 的线圈"通电"后，"电池电压降低"发光二极管熄灭。

M8033 的线圈"通电"后，PLC 进入 STOP 状态，所有输出继电器的状态保持不变。

M8034 的线圈"通电"后，禁止所有的输出。

随堂练一练：

1.FX1N 系列PLC运行监视的辅助继电器是（　　）。

A. M8000　　　　B. M8002　　　　C. M8030　　　　D. M8034

2. 设计程序：按下按钮X0后，Y0自锁输出；按下按钮X1，启动辅助继电器，M8034，程序输出全部停止。

二、分配I/O地址

通过分析控制要求知,该控制系统有3个输入:启动按钮SB1—X0,停止按钮SB2—X1,为了节约PLC的输入点数,将第一台电动机的过载保护FR1、第二台电动机的过载保护FR2串联在一起,如图2-3-5所示,最终由PLC的输入端子X2控制;输出有2个:第一台电动机KM1—Y0、第二台电动机KM2—Y1。PLC的I/O地址分配如表2-3-1所示。

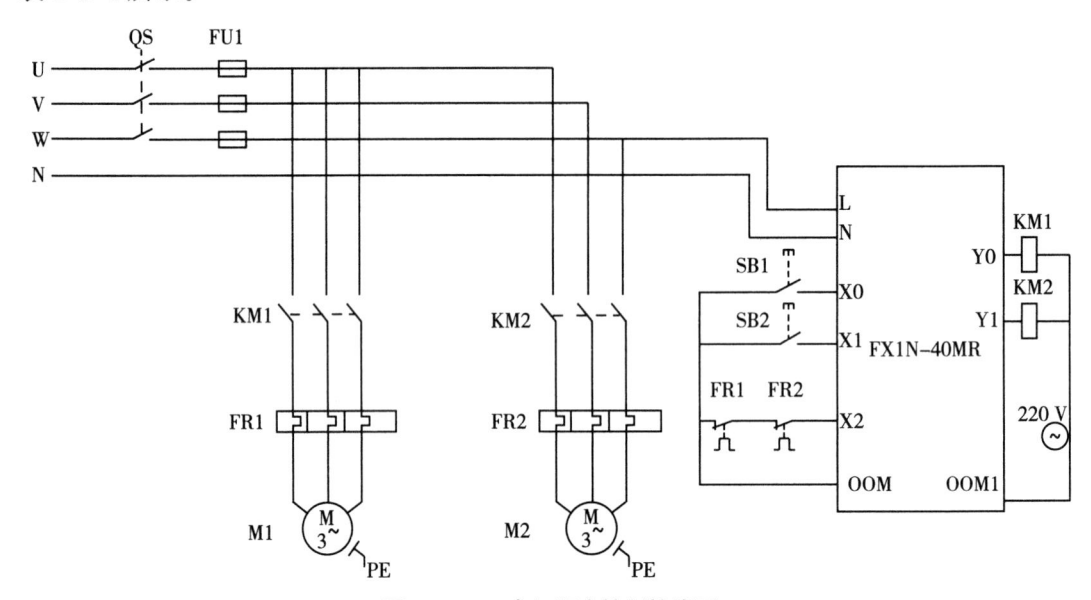

图 2-3-5 电机顺序控制接线图

表 2-3-1 分配 I/O 地址

开关输入	PLC 输入	功能	开关输出	PLC 输出	作用
SB1	X0	启动	KM1	Y0	电机 M1 启动
SB2	X1	停止	KM2	Y1	电机 M2 启动
FR1 串联 FR2	X2	过载保护	—	—	—

三、电气图纸认识及程序设计

1. 电气图纸认识(工作过程)

①合上隔离开关 QS 使电源引入线路。

②电源通过熔断器 FU1 后进入交流接触器 KM1、KM2。但 KM1、KM2 线圈没有闭合,因此电源不能通过交流接触器 KM1、KM2,电机 M1、M2 不能运转。

③合上开关 SB1 后 PLC 输入端口 X0 得到输入信号,PLC 内部程序运行,输出端口

Y0 得到输出信号，交流接触器 KM1 得电后线圈吸合。5s 后 Y1 得到输出信号，KM2 得电吸合。

④交流接触器 KM1 闭合后电源流入电动机 M1，5s 后交流接触器 KM2 闭合，电源流入电动机 M2，实现电动机 M1、M2 顺序启动的控制。

⑤停止时按 SB2 按钮，PLC 输入端 X1 动作，输出端 Y0、Y1 失电，交流接触器 KM1、KM2 断开，电动机 M1、M2 同时停止。

⑥两台电机的保护由 FR1、FR2 热继电器来完成。

2. 程序设计

该控制系统是典型的顺序起动控制，其程序如图 2-3-6 所示。

①按下启动按钮 X0，第一台电动机 Y0 启动，同时定时器 T0 的线圈为 ON，开始定时。

②定时器 T0 的线圈接通 5s 后，延时时间到，其常开触点闭合，第二台电动机 Y1 启动。

③按下停止按钮 X1，所有的线圈都失电，两台电动机全部停止。

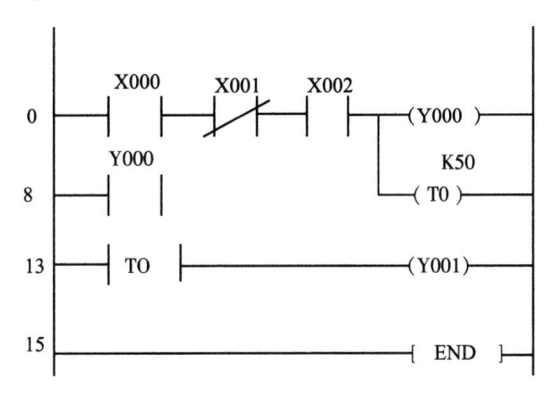

图 2-3-6　电动机顺序启动程序

四、PLC 接线及调试

1.PLC 安装

（1）PLC 安装注意事项

PLC 能安装在大多数工业现场，但它对使用场合、环境温度等还是有一定要求。为有效地提高它的工作效率和寿命，在安装时要避开下列场所：

①环境温度低于 0℃或高于 50℃。

②相对湿度超过 85% 或者存在露水凝聚。

③太阳光直接照射。

④有腐蚀和易挥发的气体，例如氯化氢、硫化氢等。

⑤有大量铁屑及灰尘。

⑥高压电源线和高压设备附近。

（2）PLC接线注意事项

①电源接入注意事项。FX系列可编程控制器有直流24V输出接线端；交流电源为50Hz、220V的交流电。

如果电源发生故障，中断时间少于10ms，PLC工作不受影响。若电源中断超过10ms或电源下降超过允许值，则PLC停止工作，所有的输出点均同时断开。

当电源恢复时，若RUN输入接通，则操作自动进行。对于电源线产生的干扰，PLC本身具有足够的抵制能力。

②接地线接入事项。良好的接地是保证PLC可靠工作的重要条件，可以避免偶然发生的电压冲击危害。接地线与机器的接地端相接，基本单元接地。

如果要用扩展单元，其接地点应与基本单元的接地点接在一起。为了抑制加在电源及输入端、输出端的干扰，应给可编程控制器接上专用地线，接地点应与动力设备（如电机）的接地点分开。

若达不到这种要求，也必须做到与其他设备公共接地，禁止与其他设备串联接地。接地点应尽可能靠近PLC。

（3）PLC的接线

步骤1：识读电机顺序控制电气接线图，掌握每根导线的型号。

步骤2：识别统计线号值及对应数量。

步骤3：准备电工工具及相关辅料。十字形螺丝刀、一字形螺丝刀、数字万用表、剥线钳、接线裸端头、压线钳、尖嘴钳或电工剪。

步骤4：线路连接。根据电机顺序启动控制接线图，完成线路的连接。

2. PLC调试运行

PLC接线完成后，将PLC模块与电脑连接，进行程序调试。

步骤1：将设计好的程序进行转换/编译，测试程序能否正常运行，如图2-3-7所示。

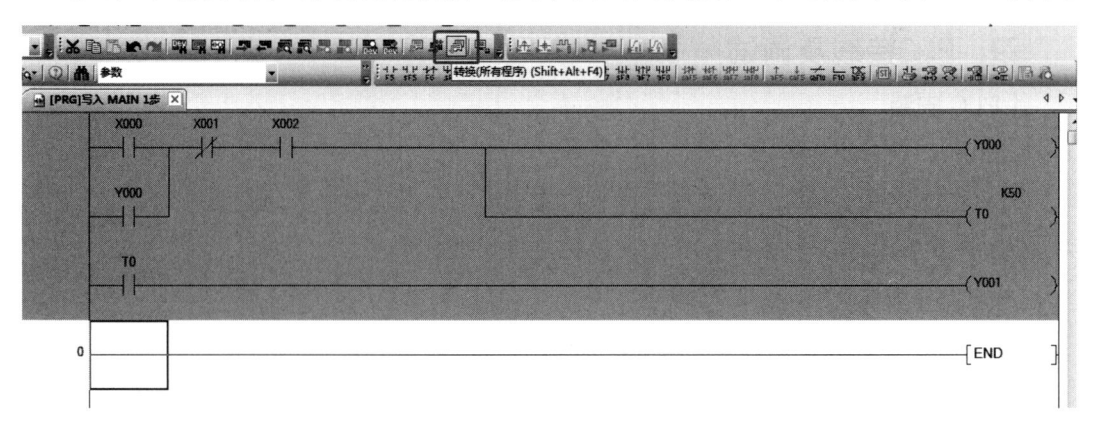

图2-3-7 转换程序

步骤2：程序转换后写入PLC再进行在线监视，监视每个元件的状态，如图2-3-8所示，监视界面如图2-3-9所示。

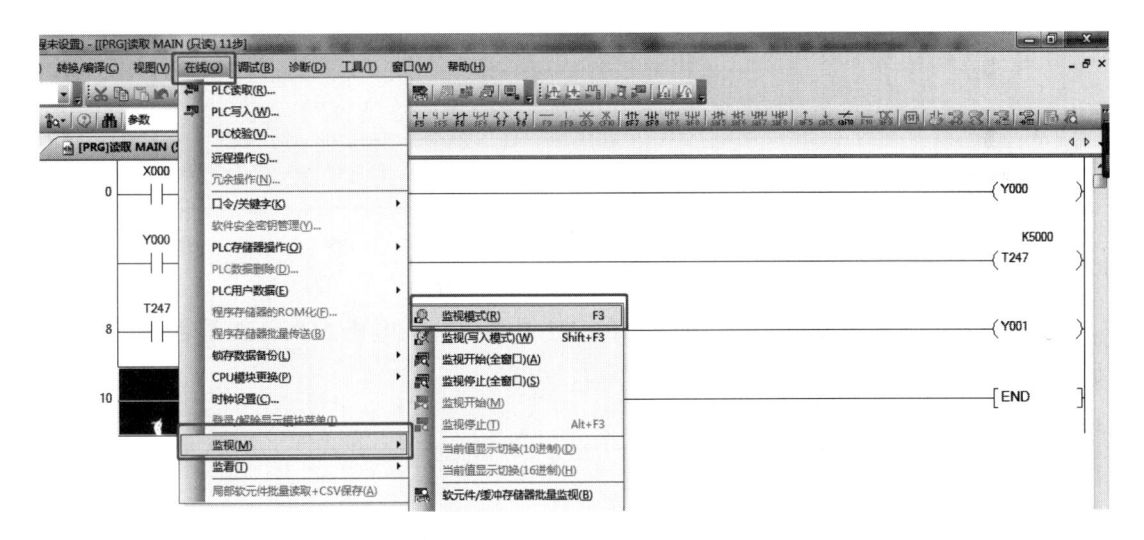

图 2-3-8　启动监视模式

图 2-3-9　在线监视

步骤 3：按下启动按钮 SB1，监视程序界面，Y0 是否启动，电机 M1 是否运行，定时器 T 是否动作，如图 2-3-10 所示。

图 2-3-10　启动后程序

步骤 4：定时器 T 到达定时值后，观察 Y1 是否启动，电机 M2 是否启动运行，如图 2-3-11 所示。

图 2-3-11　定时结束程序

步骤 5：按下停止按钮 SB2，观察 Y0、Y1 是否停止，电机 M1、M2 是否停止运行，如图 2-3-12 所示。

图 2-3-12　停止后程序

实训6　两台电动机顺序启动PLC程序设计及调试

实训名称	两台电机顺序启动 PLC 程序设计及调试
实训内容	两台电动机顺序启动程序设计，完成电路的接线，完成 PLC 程序的编写和调试，实现电动机顺序启动
实训目标	1. 掌握两台电动机顺序启动电路图纸的识读； 2. 掌握 PLC 程序的编写、PLC 编程软件的使用； 3. 能够对 PLC 进行接线，调试
实训课时	10 课时
实训地点	PLC 实训室

练习题

1. 判断题

（1）时钟脉冲的周期由 1ms、10ms、100ms、1000ms 四种组成。　　（　）

（2）锁存辅助继电器 M600，可以保持断电前的状态。　　（　）

（3）PLC 的电源输入可以是交流 380V。　　（　）

（4）PLC 可以安装在太阳光直射到的地方。　　（　）

2. 填空题

（1）定时器 T 的定时值 = ＿＿＿＿ × ＿＿＿＿。

（2）辅助继电器 M 包含三种，分别是 ＿＿＿＿、＿＿＿＿、＿＿＿＿。

3. 简答题

（1）PLC 输入的交流电源和直流电源有哪些要求？

（2）画出 PLC 控制两台电机顺序启动的梯形图。

（3）PLC 在安装时要避开哪些场所？

任务完成报告

姓名		学习日期	
任务名称	两台电动机顺序启动 PLC 程序设计及调试		
学习自评	考核内容	完成情况	
	1. 掌握编程指令 T、M，了解分配 I/O 地址	□好　□良好　□一般　□差	
	2. 掌握两台电动机顺序启动的电气图纸认识及程序设计	□好　□良好　□一般　□差	
	3. 掌握 PLC 接线及调试	□好　□良好　□一般　□差	

续表

学习心得	

项目 3
自动售货机系统安装调试

在城市的商场、车站、机场等经常有自动售货机,通过扫码支付或者投币方式可以自动购买相关的食品、饮料或者其他物品等。本项目通过对PLC的进一步学习,利用PLC设计实现一台自动售货机的控制系统。所以,本项目主要目标是完成PLC对自动售货机系统的安装和调试。

本项目分为4个任务:

任务1 自动售货机系统介绍

本任务主要是了解自动售货机内部结构,理解自动收货机是如何工作的。本任务涉及的主要内容是自动售货机的功能、作用及工作方式。

任务2 PLC选型

本任务主要是完成PLC的选型。现在市场上有很多品牌的PLC,并且相同品牌的PLC又包含多种不同的型号,因此要根据需求选择既能满足功能要求又能节省成本的PLC。本任务涉及的主要知识内容为PLC的分类、型号、主要的生产厂家介绍,以及针对不同应用场合进行PLC选型。

任务3 编程指令认识

自动售货机的运行是PLC发出指令控制的,因此要编写相应的PLC程序,而程序是由各种指令组合而成的,所以,本任务主要学习PLC编程指令的应用,该指令为自动售货机运行程序中所用到的指令程序。本任务主要涉及内容有MOV、SUB、ADD、CMP的工作原理及编写规范要求。

任务4 PLC的编程调试

本任务主要设计编写程序,实现自动售货机的运行。详细讲解编写程序前如何分析,如何编写程序等。本任务涉及的主要内容有程序功能的分析思路、程序编写方法以及流程的梳理总结等。

任务1 自动售货机系统介绍

本任务主要是了解自动售货机内部结构，理解自动收货机是如何工作的。本任务涉及的主要内容是自动售货机的功能、作用及工作方式。

知识目标

1. 了解自动售货机的功能；
2. 了解自动售货机的作用。

能力目标

1. 能讲解自动售货机的作用；
2. 能描述自动售货机的原理。

学习内容

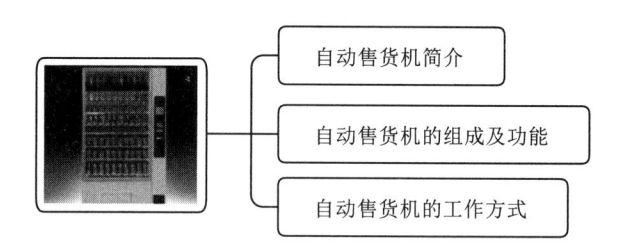

- 自动售货机简介
- 自动售货机的组成及功能
- 自动售货机的工作方式

为了深入学习PLC的编程技术，本任务将讲解自动售货机的发展历程、工作要求、工作原理。对自动售货机有了初步的认识，能为之后的自动售货机编程、安装调试打下深厚的基础。

一、自动售货机简介

自动售货机（图3-1-1）是集声、光、机电一体化的高新智能化产品，在我国也开始得到应用。在我国可以看到现代化的自动售货机摆放在一些大商场门口、繁华街道两旁、公园入口处以及其他热闹的场所。

自动售货机在我国有着广阔的发展前景。从自动售货机的发展趋势来看，它的出现是由劳动密集型的产业构造向技术密集型社会转变的产物。大量生产、大量消费以及消费模式和销售环境的变化，要求出现新的流通渠道；而相对超市、百货购物中心等新的流通渠道的产生，人工费用也不断上升；再加上场地的局限性以及购物的便利性等因素的制约，无人自动售货机作为一种必需的机器便应运而生了。

从广义上讲，自动售货机就是在投入硬币或纸币、微信扫码后便可以销售商品的机械，从狭义上讲，它就是自动销售商品的机械。从供给的条件看，自动售货机可以充分补充人力资源的不足，适应消费环境和消费模式的变化，24小时无人售货的系统可以更省力，运营时需要的资本少、面积小，有吸引人们购买好奇心的自身性能，可以很好地解决人工费用上升的问题等各项优点。

图 3-1-1　自动售货机

二、自动售货机的组成及功能

自动售货机由以下几部分组成。

机身：是自动售货机的整体框架，也是自动售货机的颜值担当，一台自动售货机是否做工精良，可在机身细节里得到体现，如图 3-1-2 所示。

图 3-1-2　机身

货架：是销售商品摆设的载体。将饮料、小食品等商品摆放在自动售货机货架上售卖，如图 3-1-3 所示。

弹簧：是推动商品出货的轨道。自动售货机里的弹簧可根据商品大小而改变，弹簧过窄，容易造成卡货，过宽则会引起掉货，如图 3-1-3 所示。

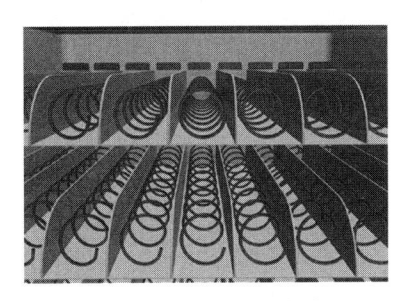

图 3-1-3　货架及弹簧

电动机：是指依据电磁感应定律实现电能转换或传递的一种电磁装置。它的主要作用是产生驱动转矩。作为用电器或各种机械的动力源，电动机可控制弹簧伸长，从而将货物推送至出货口，如图3-1-4所示。

图 3-1-4　电动机

操作面板：是客户在使用自动售货机买卖商品时选货及支付的操作平台。由显示屏幕、操作触摸按键、投币孔、扫码器等组成，显示屏幕一般会显示商品的售价、支付方式等，如图3-1-5所示。

图 3-1-5　操作面板

压缩机：是一种将低压气体提升为高压气体的从动的流体机械，是制冷系统的心脏，如图3-1-6所示。它是带制冷功能的自动售货机里必不可少的冷气释放源。压缩机长时间工作后会积累大量灰尘，需要人工定期清洗，否则会影响制冷效果。

图 3-1-6　压缩机

控制器：是自动售货机的心脏，是负责指挥控制自动售货机各部件工作的主要部分，如图3-1-7所示。它主要控制自动售货机的钱币投入统计、出货电机控制、买卖商品时钱币的加减运算、商品指示灯的亮灭等。控制器是自动售货机的"大脑"。

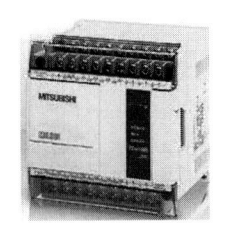

图 3-1-7　PLC 控制器

导线：是自动售货机里各部件连接的桥梁，像人体的血流一样，自动售货机的线路都畅通了，机器才能正常运作。

三、自动售货机的工作方式

课前思考：

以四人为一组，设计一个自动售货机，依据自动售货机的组成画出所设计自动售货机的草图，并概述所设计自动售货机的功能。

自动售货机的基本功能就是对投入的货币进行运算，并根据货币数值判断是否能够购买某种商品，并作出相应的反应，举一个简单的例子来说明其工作原理。

例如：售货机中有 4 种商品，其中 01 号商品（代表第一种商品）价格为 1 元，02 号商品为 2 元，03 号商品为 3 元，04 号商品为 5 元。现投入 1 个 1 元硬币，当投入的货币超过或等于 01 号商品的价格时，01 号商品的选择按钮处应有变化，提示可以购买，其他商品同此。

当按下选择 01 号商品的按钮时，售货机进行减法运算，从投入的货币总值中减去 01 号商品的价格，同时启动相应的电机，排出 01 号商品到出货口，此时售货机继续等待外部命令。

如果此时不再购买而按下退币按钮，售货机则要进行退币操作，退回相应的货币，并在程序中清零，完成此次交易。自动售货机的工作流程如图 3-1-8 所示。

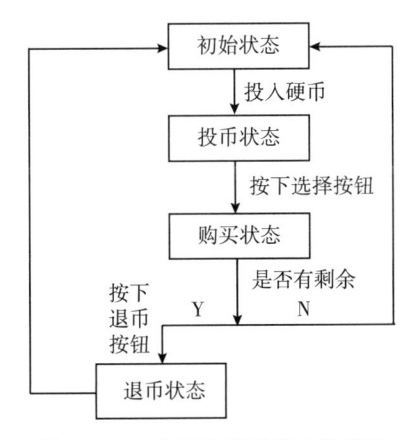

图 3-1-8　自动售货机的工作流程

练习题

1. 填空题

自动售货机一般由 ____、____、____、____、____、____、____、____ 组成。

2. 简答题

简述自动售货机的工作过程。

任务完成报告

姓名		学习日期	
任务名称	自动售货机系统介绍		
学习自评	考核内容	完成情况	
	1. 自动售货机工作原理	□好 □良好 □一般 □差	
	2. 自动售货机的组成及功能	□好 □良好 □一般 □差	
	3. 自动售货机的工作方式	□好 □良好 □一般 □差	
学习心得			

任务 2　PLC 选型

本任务主要是完成 PLC 的选型。现在市场上有很多品牌的 PLC，并且相同品牌的 PLC 又包含多种不同的型号，因此要根据需求选择既能满足功能要求又能节省成本的 PLC。本任务涉及的主要知识内容为 PLC 的分类、型号、主要的生产厂家介绍，以及针对不同应用场合进行 PLC 选型。

知识目标

1. 了解 PLC 的分类；
2. 了解 PLC 的型号；
3. 掌握 PLC 的选型方法。

能力目标

1. 认识 PLC 的分类和型号；
2. 能对不同应用进行 PLC 选型。

学习内容

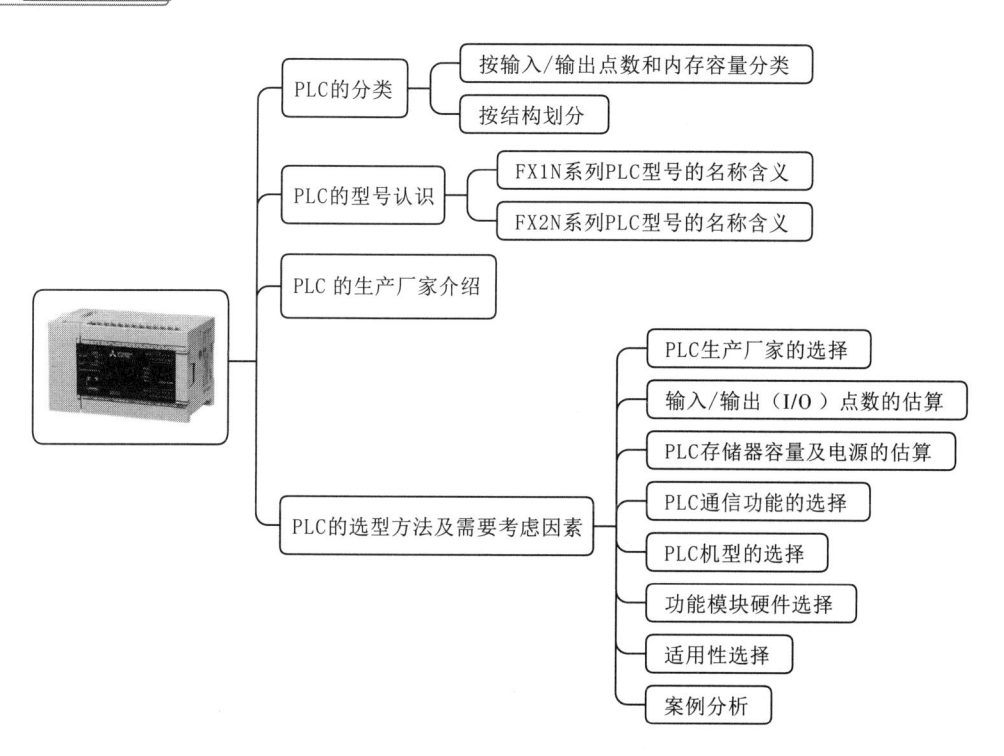

- PLC的分类
  - 按输入/输出点数和内存容量分类
  - 按结构划分
- PLC的型号认识
  - FX1N系列PLC型号的名称含义
  - FX2N系列PLC型号的名称含义
- PLC 的生产厂家介绍
- PLC的选型方法及需要考虑因素
  - PLC生产厂家的选择
  - 输入/输出（I/O）点数的估算
  - PLC存储器容量及电源的估算
  - PLC通信功能的选择
  - PLC机型的选择
  - 功能模块硬件选择
  - 适用性选择
  - 案例分析

一、PLC的分类

1. 按输入/输出点数和内存容量分类

为适应不同工业生产过程的应用要求，可编程控制器能够处理的输入/输出点数是不一样的。按输入/输出点数的多少和内存容量的大小，可分为小型机、中型机、大型机等类型。

① I/O 点数小于 256 的为小型 PLC。

② I/O 点数在 256~1024 的为中型 PLC。

③ I/O 点数大于 1024 的为大型 PLC。

以上这种划分是不严格的，只是大致分类，目的是便于系统的配置及使用。

一般来讲，根据实际的 I/O 点数选用相应的机型，或者根据不同的功能选择相应的型号，越大型的 PLC 性能价格必然要高。

2. 按结构划分

按照结构，可将 PLC 分为整体式及模块式两大类。微型机、小型机多为整体式的，但从发展趋势看，小型机也逐渐发展成模块式的了。

整体式 PLC 把电源、CPU、内存、I/O 系统都集成在一个小箱体内。一个主机箱体是一台完整的 PLC，就可用以实现控制。若控制点数不符合需要，可再接扩展箱体，由主箱体及若干扩展箱体组成较大的系统，以实现对较多点数的控制，如图 3-2-1 所示。

图 3-2-1　整体式 PLC

模块式的 PLC 是按功能分为若干模块，如 CPU 模块、输入模块、输出模块、电源模块等，如图 3-2-2 所示。大型机的模块功能更单一一些，因而模块的种类也相对多一些。这也可说是趋势。目前一些中型机，其模块的功能也趋于单一，种类也在增多。

图 3-2-2 模块式 PLC

模块功能更单一、品种更多，可便于系统配置，使 PLC 更能物尽其用，达到更高的使用效益。

由模块联结成系统有三种方法：

①无底板，靠模块间接口直接相连，然后固定到相应导轨上。

②有底板，所有模块都固定在底板上。

③用机架代替底板，所有模块都固定在机架上。

二、PLC的型号认识

下面以三菱 PLC 为例讲解 PLC 的型号。

1. FX1N 系列 PLC 型号的名称含义

$$\underset{\text{系列名}}{\text{FX1N}}-\underset{\text{①输入输出点数}}{\text{○○}}\underset{\underset{\text{M 表示基本单元}}{\uparrow}}{\text{M}}\underset{\text{②输出方式}}{\square}-\underset{\text{③电源类型}}{\square}$$

①输入输出合计点数：参照表 3-2-1。

②输出方式： R = 继电器输出（有触点、交流、直流负载两用）

T = 晶体管输出（无触点、直流负载用）

③电源类型： 001 = AC 电源型（电源电压：AC 100~240V）

D = DC 电源型（电源电压：DC 12~24V）

表 3-2-1　FX1N 输入输出合计点数

输入输出合计点数	输入点数	输出点数	AC 电源 DC 输入 继电器输入	AC 电源 DC 输入 晶体管输入	DC 电源 DC 输入 继电器输出	DC 电源 DC 输入 晶体管输出
60	36	24	FX1N-60MR-001	FX1N-60MT-001	FX1N-60MR-D	FX1N-60MT-D
40	24	16	FX1N-40MR-001	FX1N-40MT-001	FX1N-40MR-D	FX1N-40MT-D
24	14	10	FX1N-24MR-001	FX1N-24MT-001	FX1N-24MR-D	FX1N-24MT-D
14	8	6	FX1N-14MR-001	FX1N-14MT-001	—	—

2. FX2N 系列 PLC 型号的名称含义

$$\underset{\text{系列名称}}{\text{FX2N}-}\underset{\text{①输入输出点数}}{\text{□□M}}\underset{\text{②输出形式}}{\text{□}}-\underset{\text{③其他区分 1}}{\text{□}}$$

（M 表示基本单元）

①输入输出合计点数：基本单元、扩展单元的输入输出点数都相同。扩展模块参考表 3-2-2。

②输出形式：　　R = 继电器输出（有触点、交流 / 直流负载两用）

　　　　　　　　S = 可控硅输出（无触点、交流负载用）

　　　　　　　　T = 晶体管输出（无触点、直流负载用）

③其他区分：

　　　　　　　　无符号 = AC100/200V 电源、DC 24V 输入（内部供电）

　　　　　　　　D = DC 电源型

　　　　　　　　UA1/UL = AC 输入型

　　　　　　　　H = 大容量输出型

④输入输出形式：

　　　　　　　　R = DC 输入 4 点、继电器输出 4 点的混合

　　　　　　　　X = 输入专用（无输出）

　　　　　　　　XL = DC 5V 输入

　　　　　　　　YR = 继电器输出专用（无输入）

　　　　　　　　YS = 可控硅输出专用（无输入）

　　　　　　　　YT = 晶体管输出专用（无输入）

表 3-2-2　FX2N 输入输出合计点

输入输出合计点数	输入点数	输出点数	FX2N 系列					
			AC 电源 DC 输入			DC 电源 DC 输入		AC 电源 AC 输入继电器输出
			继电器输出	可控硅	晶体管	继电器输出	晶体管输出	
16	8	8	FX2N-16MR	FX2N-16MS	FX2N-16MT	—	—	FX2N-16MR-UA1/UL
32	16	16	FX2N-32MR	FX2N-32MS	FX2N-32MT	FX2N-32MR-D	FX2N-32MT-D	FX2N-32MR-UA1/UL
48	24	24	FX2N-48MR	FX2N-48MS	FX2N-48MT	FX2N-48MR-D	FX2N-48MT-D	FX2N-48MR-UA1/UL
64	32	32	FX2N-64MR	FX2N-64MS	FX2N-64MT	FX2N-64MR-D	FX2N-64MT-D	FX2N-64MR-UA1/UL
80	40	40	FX2N-80MR	FX2N-80MS	FX2N-80MT	FX2N-80MR-D	FX2N-80MT-D	—
128	64	64	FX2N-128MR	—	FX2N-128MT			

三、PLC的生产厂家认识

目前，生产 PLC 的厂家较多。但能配套生产，大、中、小、微型均能生产的不算太多。较有影响的，在中国市场占有较大份额的公司有以下几个。

德国西门子公司。西门子 S7 系列 PLC 体积小、速度快、标准化，具有网络通信能力，功能更强，可靠性高。西门子公司的 PLC 产品包括 LOGO、S7-1200、S7-300、S7-400、S7-1500 等，如图 3-2-3 所示。

图 3-2-3　德国西门子（型号 S7-1200、S7-1500）

日本 OMRON 公司有 CPMIA 型机，P 型机，H 型机，CQM1、CVM、CV 型机，Ha 型、F 型机等，如图 3-2-4 所示；大、中、小、微型均有，在中、小、微方面更具特长，在中国及世界市场上都占有相当的份额。

图 3-2-4　日本 OMRON（型号 CPM1A-20CDR-A-V1）

三菱 PLC 是三菱电机在大连生产的主力产品。它采用一类可编程的存储器，用于其内部存储程序，执行逻辑运算、顺序控制、定时、计数与算术操作等面向用户的指令，并通过数字或模拟式输入/输出控制各种类型的机械或生产过程。

三菱 PLC 在中国市场常见的有以下型号：FR-FX1N、FR-FX1S、FR-FX2N、FR-FX3U、FR-A FR-Q，如图 3-2-5 所示。

图 3-2-5　日本三菱（型号 FX3U、Q 系列 PLC）

日本日立公司生产的 PLC，其 E 系列为箱体式的，如图 3-2-6 所示。基本箱体有 E-20、E-28、E-40、E-64。其 I/O 点数分别为 12/8、16/12、24/16 及 40/24。另外，还有扩展箱体，规格与主箱体相同，其 EM 系列为模块式的，可在 16~160 组合。

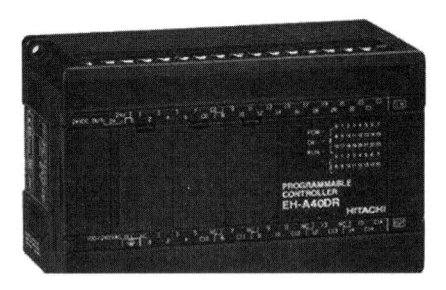

图 3-2-6　日本日立（型号 EH-A40DR）

日本松下公司也生产 PLC。FP1 系列为小型机，结构也是箱体式的，尺寸紧凑。FP3 为模块式的，控制规模较大，工作速度也很快，执行基本指令仅需 01 微秒，如图 3-2-7 所示。

图 3-2-7　日本松下（型号 FP7）

日本富士公司也有 PLC。其 NB 系列为箱体式的，是小型机，如图 3-2-8 所示。NS 系列为模块式的。

图 3-2-8　日本富士（NB2U56T-11）

美国 GE 公司、日本 FANAC 合资的 GE-FANUC（图 3-2-9）的 90-70 机也是很吸引人的。据介绍，它具有 25 个特点。诸如，用软设定代硬设定，结构化编程，多种编程语言，等等。它有 914、781/782、771/772、731/732 等多种型号。另外，还有中型机 30 系列，其型号有 344、331、323、321 多种；还有 90-20 系列小型机。

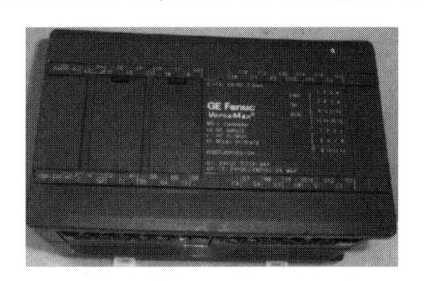

图 3-2-9　GE-FANUC

美国 AB 公司创建于 1903 年，在世界各地有 20 多个附属机构、10 多个生产基地。可编程控制器也是它的重要产品。它的 PLC-5 系列是很有名的，其下有 PLC-5/10，PLC-5/11，PLC-5250 多种型号，如图 3-2-10 所示。另外，它也有微型 PLC，有 Controlgix 系列和 SLC-500 系列。有三种配置，分别为 20、30 及 40；I/O 点数分别为 12/8、18/12 及 24/16 三种。

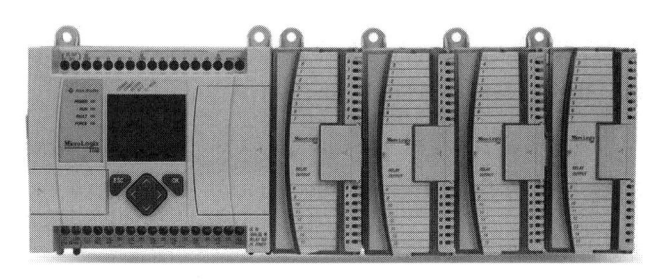

图 3-2-10　美国 AB（型号 PLC-/10）

四、PLC的选型方法及需要考虑因素

1. PLC 生产厂家的选择

确定 PLC 的生产厂家，主要应该考虑设备用户的要求、设计者对于不同厂家 PLC 的要求。从 PLC 本身的可靠性考虑，原则上只要是国外大公司的产品，不应该存在可靠性不好的问题。

另外，对于一些特殊的行业（例如：冶金、烟草等），应选择在相关行业领域有投运业绩、成熟可靠的 PLC 系统。

2. 输入输出（I/O）点数的估算

PLC 的输入/输出点数是 PLC 的基本参数之一。I/O 点数的确定应以控制设备所需的所有输入/输出点数的总和为依据。在一般情况下，PLC 的 I/O 点应该有适当的余量。通常根据统计的输入输出点数，再增加 10%～20% 的可扩展余量后，作为输入输出点数估算数据。实际订货时，还需根据制造厂商 PLC 的产品特点，对输入输出点数进行调整，

PLC 本体输入输出点数不够时，还需要选配扩展的输入输出模块。

（1）数字量输入输出模块的选择

数字量输入输出模块的选择应考虑应用要求。例如对输入模块，应考虑输入信号的电平、传输距离等应用要求。输出模块也有很多种类，例如继电器触点输出型、AC 220V/DC 24V 双向晶闸管输出型、DC 24V 晶体管驱动型、DC 48V 晶体管驱动型等。

通常，继电器输出型模块具有价格低廉、使用电压范围广等优点，但是使用寿命较短、响应时间较长、在用于电感性负载时需要增加浪涌吸收电路；双向晶闸管输出型模块响应时间较快，适用于开关频繁、电感性低功率因数负荷场合，但价格较贵，过载能力较差。

另外，输入输出模块按照输入输出点数又可以分为：8 点、16 点、32 点等规格，选择时也要根据实际需要合理配备。

（2）模拟量输入输出模块的选择

模拟量输入模块，按照模拟量的输入信号类型可以分为：电流输入型、电压输入型、热电偶输入型等。电流输入型通常的信号等级为 4～20mA 或 0～20mA；电压型输入模块通常信号等级为 0～10V、-5～+5V 等。有些模拟量输入模块可以兼容电压或电流输入信号。

模拟量输出模块同样分为电压型输出模块和电流型输出模块，电流输出的信号通常有 0～20mA、4～20mA。电压型输出信号通常有 0～10V、-10～+10V 等。

模拟量输入输出模块，按照输入输出通道数可以分为 2 通道、4 通道、8 通道等规格。

3. PLC 存储器容量及电源的估算

（1）存储器容量

它是指可编程序控制器本身能提供的硬件存储单元大小，各种 PLC 的存储器容量大小可以从该 PLC 的基本参数表中找到。因此，选型时存储器容量应大于程序容量。

例如：西门子的 S7-314PLC 的用户程序存储容量为 64KB，S7-315-2DPPLC 的用户程序存储容量为 128KB。程序容量是存储器中用户程序所使用的存储单元的大小。

（2）PLC 的电源选择

实际应用时，除了与设备同时引进的 PLC 的电源应根据所引进设备的电源要求配置外，通常，PLC 的供电电源应选用 220V 交流供电，与国内的电网电压一致。在一般的应用场合，对电网的质量要求不高，可采用市电或工业供电。在市电电压波动较大、供电不正常时，可考虑采用不间断电源或稳压电源供电。对输入触点的供电，如果控制器本身带有可使用的电源，则可采用。如果控制器本身不带可使用的电源，可采用外设电源供电。

4. PLC 通信功能的选择

现在 PLC 的通信功能越来越强大，很多 PLC 都支持多种通信协议（有些需要配备相应的通信模块），选择时要根据实际需要选择合适的通信方式。

PLC 系统的通信网络主要有下列几种形式：

① PC 为主站，多台同型号 PLC 为从站，组成简易 PLC 网络。
② 1 台 PLC 为主站，其他同型号 PLC 为从站，构成主从式 PLC 网络。
③ PLC 网络通过特定网络接口连接到大型 DCS 中作为 DCS 的子网。
④ 专用 PLC 网络（各厂商的专用 PLC 通信网络）。

为减轻 CPU 通信任务，根据网络组成的实际需要，应选择具有不同通信功能（如点对点、现场总线、工业以太网等）的通信处理器。

5. PLC 机型的选择

PLC 按结构分为整体型和模块型两类。

①整体型 PLC 的 I/O 点数较少且相对固定，因此用户选择的余地较小，通常用于小型控制系统。这一类 PLC 的代表有：西门子公司的 S7-1200 系列、三菱公司的 FX 系列等。

②模块型 PLC 提供多种 I/O 模块，可以在 PLC 基板上插接，方便用户根据需要合理地选择和配置控制系统的 I/O 点数。因此，模块型 PLC 的配置比较灵活，一般用于大、中型控制系统。例如西门子公司的 S7-300 系列、S7-400 系列、S7-1500 系列、三菱公司的 Q 系列等。

6. 功能模块硬件选择

功能模块包括通信模块、定位模块、脉冲输出模块、高速计数模块、PID 控制模块、温度控制模块等。选择 PLC 时应考率到功能模块配套的可能性，选择功能模块涉及硬件与软件两个方面。

在硬件方面，首先应考虑功能模块可以方便地和 PLC 相连接，PLC 应该有相关的连接、安装位置与接口、连接电缆等附件。在软件上，PLC 应具有对应的控制功能，可以方便地对功能模块进行编程。例如三菱的 FX 系列 PLC 通过"FROM"和"TO"指令可以方便地对相应的功能模块进行控制。

7. 适用性选择

在 PLC 型号和规格大体确定后，可以根据控制要求逐一确定 PLC 各组成部分的基本规格与参数，并选择各组成模块的型号。选择模块型号时，应遵循以下原则。

①方便性：一般来说，作为 PLC，可以满足控制要求的模块往往有很多种，选择时应以简化线路设计、方便使用、尽可能减少外部控制器件为原则。

例如：对于输入模块，应优先选择可以与外部检测元件直接连接的输入形式，避免使用接口电路。对于输出模块，应优先选择能够直接驱动负载的输出模块，尽量减少中间继电器等元件。

②通用性：进行选型时，要考虑到 PLC 各组成模块的统一与通用，避免模块种类过多。这样不仅有利于采购，减少备品备件，还可以增加系统各组成部件的互换性，为设计、调试和维修提供方便。

③兼容性：选择 PLC 系统各组成模块时，应充分考虑兼容性。为避免出现兼容性不

好的问题，组成 PLC 系统的各主要部件的生产厂家不宜过多。如果可能的话，尽量选择同一个生产厂家的产品。

8. 案例分析

下面将以自动售货机为例，进行 PLC 的选型分析。

①针对应用领域。自动售货机的工作频繁，要求操作准确度高，所以使用大公司生产的成熟 PLC，如西门子、三菱等。在此，我们选择三菱 PLC 的 FX 系列。

②对将使用的 PLC 输入输出点数进行分析。根据点数选择合适的 PLC。

1）输入信号：三种投币方式，3 个输入点；两种输入按钮，2 个输入点；一个退币按钮，1 个输入点；共计 6 个输入点。

2）输出信号：出货电机 2 个，2 个输出点；指示灯 2 个，2 个输出点；剩余金额指示灯，1 个输出点；共计 5 个输出点。

输入输出共 11 点，小型 PLC 是小于 256 点，FX1N 系列点数最少的 PLC 型号为 FX1N-14MR，为 8 个输入点，6 个输出点，可以满足要求。实训台上的 PLC 型号为 FX1N-40MR，也满足选用条件。

3）对 PLC 通信功能选择，自动售货机无特殊通信功能要求，FX1N 系列 PLC 满足。

4）对 PLC 整体式/模块式选择，自动售货机无特殊模块需要添加，选用整体式。

5）对 PLC 输入/输出模块选择，因为需要控制电机运动，选择继电器输出，输入电压为 AC 220V。选用继电器输出的 FX1N-40MR。

练习题

1. 选择题

（1）按照输入/输出点数的多少和内存容量的大小，中型 PLC 的点数范围在（　　）。
A. 128~256　　　B. 256~1024　　　C. 大于 1024　　　D. 以上都不正确

（2）FX 系类 PLC 中继电器输出型号表示为（　　）。
A. R　　　B. S　　　C. T　　　D. Q

2. 简答题

（1）简述 FX1N-60MR-D、FX1N-14MT-001 的输入/输出点数、输出方式、接入电源类型。

（2）简述 FX2N-80MR-D、FX2N-128MT-UA1 的输入/输出点数、输出方式、接入电源类型。

(3)简述 PLC 选型应考虑的 7 大要素。

任务完成报告

姓名		学习日期	
任务名称	PLC 选型		
学习自评	考核内容	完成情况	
	1. PLC 的分类方式	□好 □良好 □一般 □差	
	2. PLC 的型号认识	□好 □良好 □一般 □差	
	3. PLC 的选型方法	□好 □良好 □一般 □差	
学习心得			

任务3　编程指令认识

自动售货机的运行是 PLC 发出指令控制的，因此要编写相应的 PLC 程序，而程序是由各种指令组合而成的，所以，本任务主要学习 PLC 编程指令的应用，该指令为自动售货机运行程序中所用到的指令程序。本任务主要涉及内容有 MOV、SUB、ADD、CMP 的工作原理及编写规范要求。

知识目标

1. 掌握编程指令 MOV、ADD、SUB、CMP 的使用；
2. 掌握编程指令 MOV、ADD、SUB、CMP 的运行原理。

能力目标

1. 能够在程序设计中使用编程指令 MOV、ADD、SUB、CMP；
2. 能理解编程指令 MOV、SUB、ADD、CMP 的运行原理。

学习内容

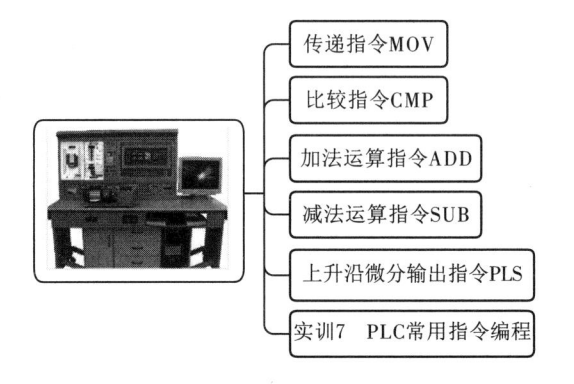

- 传递指令MOV
- 比较指令CMP
- 加法运算指令ADD
- 减法运算指令SUB
- 上升沿微分输出指令PLS
- 实训7　PLC常用指令编程

一、传送指令MOV

传送指令的助记符、功能号、操作数和程序步数等指令概要见表 3-3-1。

表 3-3-1　传送指令概要

传送指令		操作数	程序步
P	FNC12	(S.) K.H KnH KnY KnM KnS T C D V.Z (D.)	MOV MOV（P）5步 （D）MOV （D）MOV（P）9步
D	MOV MOV（P）		

注：指令前加（D）表示这是一条32位指令，其操作对象为32位地址；

指令后加（P）表示这是一条脉冲指令。

FNC12是三菱PLC里面的，每一条指令都对应这样一个FUN方便记忆和查找，用手持编程器进行编辑时，这个指令要记住，可以直接用FNC 12代替MOV指令。

1. 指令格式

FNC12	MOV	[S]	[D]
FNC12	MOVP	[S]	[D]
FNC12	DMOV	[S]	[D]
FNC12	DMOVP	[S]	[D]

2. 指令功能

MOV是16位的数据传送指令，将源操作数[S]中的数据传送到目标操作数[D]中。

DMOV是32位的数据传送指令，将源操作数[S][S+1]中的数据传送到目标操作数[D]D+1]中。

源操作数范围：K、H、KnX、KnY、KnM、KnS、T、C、D、V、Z。

目标操作数范围：KnY、KnM、KnS、T、C、D、V、Z。

【例3.1】MOV功能指令应用，如图3-3-1所示。

程序说明：图3-3-1为传送指令MOV的梯形图，X0为ON时，执行MOV指令。将常数K100传送到数据寄存器D10中。X0为OFF时，不执行MOV指令，D10保持X0在OFF之前的状态。在应用过程中需要注意的是，在X0为ON状态下，每个扫描周期会执行一次，若在X0为ON时只执行一次，则需要使用（P）指令或X0的上升沿微分指令。

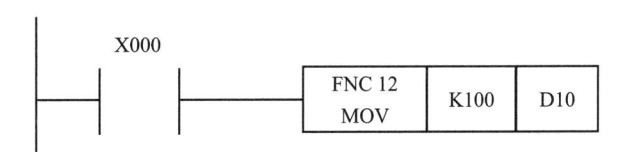

图3-3-1　MOV功能指令应用

【例3.2】位软元的MOV指令传送，如图3-3-2所示。

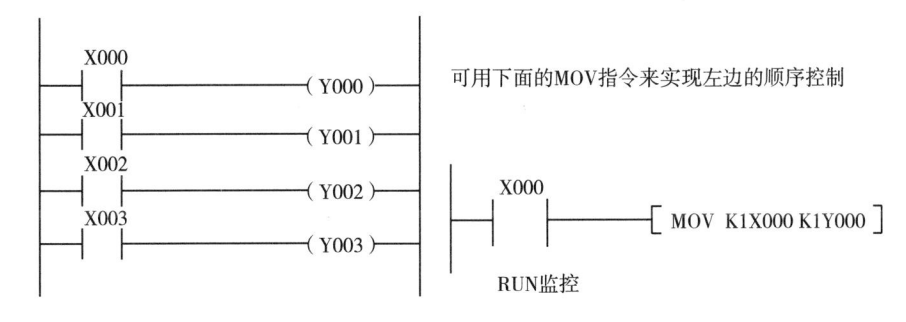

图3-3-2　位软元件MOV指令传送程序

程序说明：如图3-3-2所示，图中左侧为使用基本逻辑指令编制的程序，有4个逻辑行，将4个编号连续的外部输入状态输出到4个编号连续的外部输出继电器中。内部位软元件可以通过组合的形式以数据方式进行传送，如图右侧采用MOV指令，只一个逻辑行即可完成工作任务。

【例 3.3】32 位数据的传送，如图 3-3-3 所示。

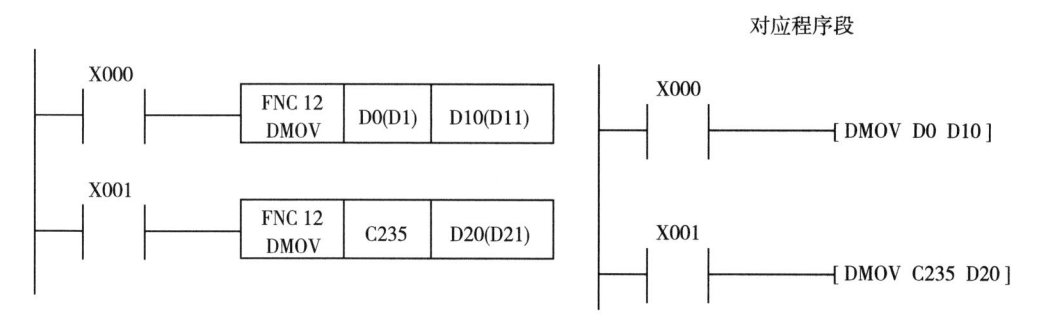

对应程序段

```
X000 ──┤├── [FNC 12 DMOV  D0(D1)  D10(D11)]

X001 ──┤├── [FNC 12 DMOV  C235   D20(D21)]
```

```
X000 ──┤├── [DMOV  D0  D10]

X001 ──┤├── [DMOV  C235  D20]
```

图 3-3-3　32 位数据传送程序

程序说明：如图 3-3-3 所示程序中，X0 为 ON 时，将 D1 为高位、D0 为低位中的数据传送到数据寄存器（D11 高位、D10 低位）中；在 X1 为 ON 时，将计数器 C235 的当前值（内部数值为 32 位）传送到数据寄存器 D21、D20 中。

> **随堂练习题：**
> 设计程序：（1）按下按钮X0，将数据K3传送至寄存器D0中。
> 　　　　　（2）按下按钮X1，将数据K5传送至寄存器D10中。

二、比较指令CMP

比较指令的助记符、功能号、操作数和程序步数等指令概要见表 3-3-2。

表 3-3-2　比较指令概要

比较指令		操作数								程序步
P	FNC10 CMP CMP（P）	←──────── S1 S2 ────────→								CMP CMP（P）7步 （D）CMP （D）CMP（P）13步
		K,H	KnX	KnY	KnM	KnS	T	C	D	V,Z	
D		X	Y	M	S						
		←─── D ───→									

1. 指令格式

FNC10　CMP　　[S1]　[S2]　[D]

FNC10　CMPP　 [S1]　[S2]　[D]

FNC10　DCMP　 [S1]　[S2]　[D]

FNC10　DCMPP [S1]　[S2]　[D]

2. 指令功能

CMP 是 16 位的数据比较指令，将源操作数 [S1] 中的数与 [S2] 中的数进行比较，并将结果传送至目标操作数 [D] 所指定的位软元件中。

DCMP 是 32 位的数据比较指令，将源操作数 [S1+1][S1] 中的数与 [S2+1][S2] 中的数进行比较，并将结果传送至目标操作数 [D+1][D] 所指定的位软元件中。

[S1][S2] 操作数范围：K、H、KnX、KnY、KnM、KnS、TC、D、V、Z。

[D] 操作数范围：Y、M、S。

若 [S1]>[S2]，则置位 [D] 指定的位软件。

若 [S1]=[S2]，则置位 [D+1] 指定的位软件。

若 [S1]<[S2]，则置位 [D+2] 指定的位软件。

【例 3.4】比较指令 CMP 的应用，如图 3-3-4 所示。

程序说明：图 3-3-4 为比较指令 CMP 的梯形图，对应的指令为 CMP K100 C20 M0。图中，X0 为 ON 时，执行 CMP 指令。如果 K100＞C20，则 M0 为 ON；如果 K100＝C20，则 M1 为 ON；如果 K100＜C20，则 M2 为 ON。

3. 注意事项

①比较源 [S1] 和源 [S2] 的内容，其大小一致时，则 [D] 动作。大小比较是按照代数形式进行的。

②所有源数据都被看成二进制值处理。

③作为目标地址，假如指定 M0，如图 3-3-4 所示，则 M0、M1、M2 被自动占用。指令不执行时，想要清除比较结果，可使用复位指令，复位方法如图 3-3-5 所示。

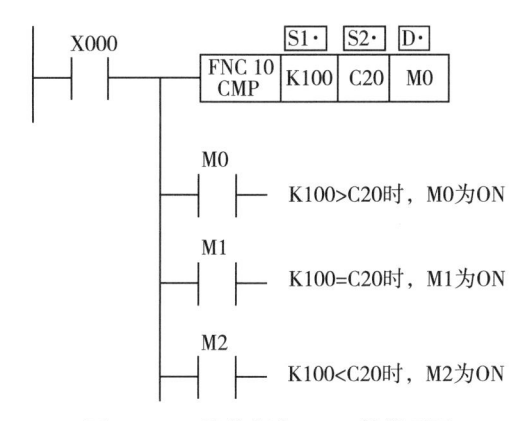

图 3-3-4 比较指令 CMP 的梯形图

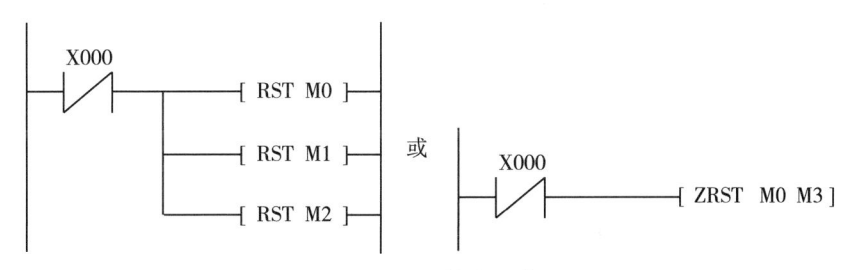

图 3-3-5 比较结果清零

注：RST 指令为复位指令；例如 RST M0 为复位 M0。

ZRST 指令为批量复位；例如 ZRST M0 M3 为批量复位 M0~M3。

随堂练习题：

（1）执行程序 [CMP K5 K9 M10] 后，M10、M11、M12哪个导通？

（2）执行程序 [CMP D0 K6 M10] 后，要将M11导通，D0应该为多少？

三、加法运算指令ADD

二进制加法运算指令的助记符、功能号、操作数和程序步数等指令概要见表3-3-3。

表 3-3-3 二进制加法指令概要

加法指令		操作数								程序步
P	FNC20	←————— [S1] [S2] —————→								ADD
	ADD	K,H	KnX	KnY	KnM	KnS	T	C	D	V,Z	ADD（P）7步
D	ADD（P）	←————————— [D] —————————→								（D）ADD
											（D）ADD（P）13步

1. 指令格式

    FNC20　ADD　　[S1]　[S2]　[D]

    FNC20　ADDP　　[S1]　[S2]　[D]

    FNC20　DADD　　[S1]　[S2]　[D]

    FNC20　DADDP　[S1]　[S2]　[D]

2. 指令功能

ADD 是16位的二进制加法运算指令，将源操作数 [S1] 中的数与 [S2] 中的数相加，并将结果传送至目标操作数 [D] 所指定的软元件中。

DADD 是32位的二进制加法运算指令，将源操作数 [S1+1][S1] 中的数与 [S2+1][S2] 中的数相加，并将结果传送至目标操作数 [D+1][D] 所指定的软元件中。

[S1][S2] 操作数范围：K、H、KnX、KnY、KnM、Kns、T、C、D、V、Z。

[D] 操作数范围：KnX、KnY、KnM、KnS、T、C、D、V、Z。

【例3.5】ADD 功能指令的应用，如图3-3-6所示。

```
       X000          [S1·][S2·][D·]
    ───| |────────┤FNC 20│ D10 │ D12 │ D14 │    (D1)+(D12)→(D14)
                  │ ADD  │
```

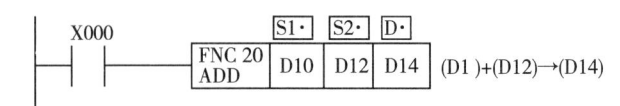

图 3-3-6　加法运算指令 ADD 的梯形图

程序说明：图3-3-6为加法运算 ADD 的梯形图，对应的指令为 ADD D10 D12 D14。

X0 为 ON 时，执行 ADD 指令，D10 中的二进制数加上 D12 中的数，所得结果存入 D14 中。

3. 注意事项

①两个数据进行二进制加法后传递到目标处，各数据的最高位是正（0）、负（1）的符号位，这些数据以代数形式进行加法运算。例如：5+（-8）=-3。

②运算结果为 0 时，0 标志位动作。如果运算结果超过 32 767（16 位运算）或 -2 147 483 647（32 位运算）时，进位标志位动作。如果运算结果不满 32 767（16 位运算）或 -2 147 483 647（32 位运算）时，借位标志位动作。

③进行 32 位运算时，字软元件的低 16 位侧的软元件被指定，紧接着上述软元件编号后的软元件将作为高位。为防止编号重复，建议将软元件指定为偶数编号。

④可以将源和目标指定为相同的软元件编号。这时，如果使用连续执行型指令 ADD、（D）ADD，则每个扫描周期的加法运算结果都会发生变化，请务必注意。

⑤图 3-3-7 所示二进制加法功能指令中，在每出现一次 X0 由 OFF→ON 变化时，D10 的内容都会加 1，这和后述的 INC（P）指令相似，在此情况下零位、借位、进位标志位都会动作。

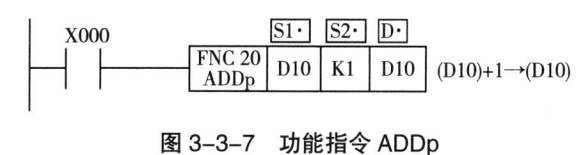

```
    X000            S1·  S2·  D·
─────┤├─────┤FNC 20│D10│ K1│D10│  (D10)+1→(D10)
                │ADDp│
```

图 3-3-7　功能指令 ADDp

随堂练习题：

执行程序 ［ADD K5 K4 D0］ 后，寄存器 D0 为多少？

四、减法运算指令 SUB

二进制减法运算指令的助记符、功能号、操作数和程序步数等指令概要见表 3-3-4。

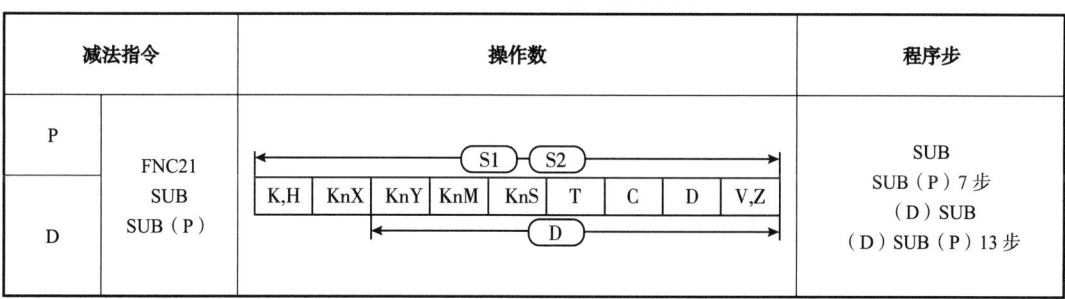

表 3-3-4　二进制减法指令概要

减法指令		操作数								程序步
P	FNC21 SUB SUB（P）	←————— S1 S2 —————→								SUB SUB（P）7 步 （D）SUB （D）SUB（P）13 步
D		K,H	KnX	KnY	KnM	KnS	T	C	D	V,Z
		←——————— D ———————→								

1. 指令格式

FNC21　　SUB　　[S1]　　[S2]　　[D]

FNC21　　SUB　　[S1]　　[S2]　　[D]

| FNC21 | DSUB | [S1] | [S2] | [D] |
| FNC21 | DSUBP | [S1] | [S2] | [D] |

2. 指令功能

SUB 是 16 位的二进制减法运算指令，将源操作数 [S1] 中的数减去 [S2] 中的数，并将结果传送至目标操作数 [D] 所指定的软元件中。

DSUB 是 32 位的二进制减法运算指令，将源操作数 [S1+1][S1] 中的数减去 [S2+1][S2] 中的数，并将结果传送至目标操作数 [D+1][D] 所指定的软元件中。

[S1][S2] 操作数范围：K、HKnX、KnY、KnM、Kns、T、C、D、V、Z。

[D] 操作数范围：Knx、KnY KnM、KnsT、C、D、V、Z。

【例 3.6】SUB 功能指令的应用，如图 3-3-8 所示。

```
    X000
─────┤├────────┬─────────┬──────┬──────┐
                │  FNC 21 │ D10  │ D12  │ D14 │   (D10)-(D12)→(D14)
                │   SUB   │      │      │     │
                └─────────┴──────┴──────┴─────┘
```

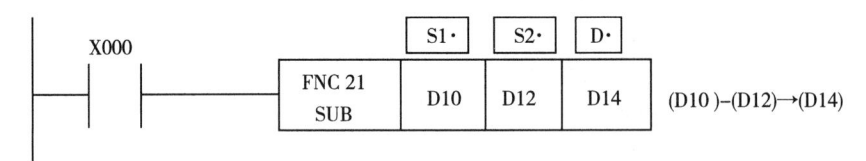

图 3-3-8　功能指令 SUB

程序说明：图 3-3-8 为减法运算 SUB 的梯形图，对应的指令为 SUB D10 D2 D14。X0 为 ON 时，执行 SUB 指令。

3. 注意事项

①两个数据进行二进制减法后传递到目标处，各数据的最高位是正（0）、负（1）的符号位，这些数据以代数形式进行加法运算。例如：5-（-8）=13。

②标志位的动作与 ADD 指令相同。

③在图 3-3-9 所示二进制减法中，在每出现一次 X0 由 OFF 到 ON 变化时，D10 的内容都会减 1，这和后述的（D）DEC（P）指令相似，在此情况下能得到各种标志。

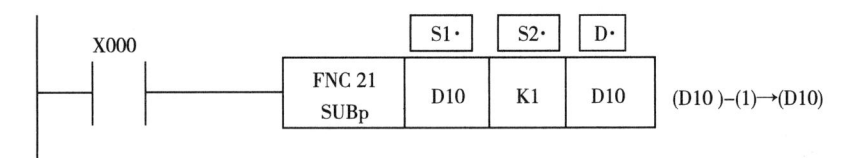

```
    X000
─────┤├────────┬─────────┬──────┬──────┐
                │  FNC 21 │ D10  │  K1  │ D10 │   (D10)-(1)→(D10)
                │   SUBp  │      │      │     │
                └─────────┴──────┴──────┴─────┘
```

图 3-3-9　功能指令 SUBp

> **随堂练习题：**
>
> 执行程序 [SUB K6 K2 D0] 后，寄存器 D0 的数值为多少？

五、上升沿微分输出指令 PLS

PLS 指令概要如表 3-3-5 所示。

表 3-3-5　PLS 指令在梯形图中的表示

指令	功能	电路表示及操作元件	程序步长
PLS	上升沿微分输出	┤├──────[PLS　Y、M]	2

PLS 为脉冲输出指令，如图 3-3-10 所示。PLS 在输入信号上升沿产生一个扫描周期的脉冲输出。从时序图可以看出，当 X0 为 ON 时，PLS 指令在 X0 的上升沿使 M0 闭合一个扫描周期，M0 使 Y0 置位为 ON。也就是说，PLS 指令可以将脉宽较宽的输入信号变为脉宽等于可编程控制器的扫描周期的出发脉冲信号，而信号周期不变。

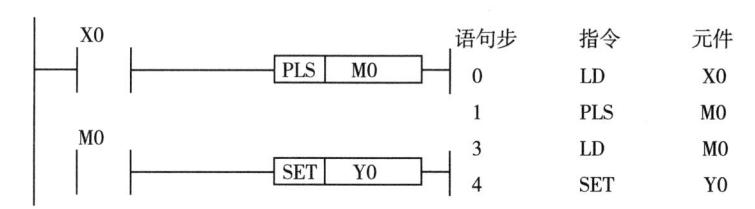

语句步	指令	元件
0	LD	X0
1	PLS	M0
3	LD	M0
4	SET	Y0

图 3-3-10　PLS 输出指令图

实训7　PLC常用指令编程

实训名称	PLC 常用指令编程
实训内容	对编程指令 MOV、CMP、ADD、SUB 的梯形图进行绘制并掌握
实训目标	1. 掌握传送指令 MOV 的操作和原理； 2. 掌握比较指令 CMP 的操作和原理； 3. 掌握加法运算指令 ADD 的操作和原理； 4. 掌握减法运算指令 SUB 的操作和原理； 5. 能够完成简单 PLC 程序的多个编制指令组合
实训课时	2 课时
实训地点	PLC 实训室

练习题

1. 选择题

（1）执行程序 [MOV K12 D0 D0] 后，D0 的结果为（   ）。

A. 0 　　　　　　B. 12 　　　　　　C. 13 　　　　　　D. 以上均错误

（2）执行程序 [CMP K11 K13 M10] 后，辅助继电器 M10 的状态为（   ）。

A. 导通 　　　　　B. 闭合 　　　　　C. 导通闭合交替变换 　　　　D. 未知

（3）执行程序 [ADD K1 K5 D0] 后，寄存器 D0 中的数值为（   ）。

A. 0 　　　　　　B. 1 　　　　　　C. 5 　　　　　　D. 6

（4）执行程序 [SUB K5 K3 D0] 后，寄存机 D0 中的数值为（   ）。

A. 0 　　　　　　B. 2 　　　　　　C. 3 　　　　　　D. 5

2. 编程应用题（画出梯形图）

设计一个体育计分器：

（1）程序启动时按下 X3 按钮，成绩置 0 处理；

（2）按一下按钮 X0，计分器加一分；

（3）按一下按钮 X2，计分器减一分。

任务完成报告

姓名		学习日期	
任务名称	编程指令认识		
学习自评	考核内容		完成情况
	1.MOV 指令运用		□好 □良好 □一般 □差
	2.CMP 指令运用		□好 □良好 □一般 □差
	3.ADD 指令运用		□好 □良好 □一般 □差
	4.SUB 指令运用		□好 □良好 □一般 □差

续表

学习心得	

任务4　PLC 的编程调试

本任务主要设计编写程序，实现自动售货机的运行。详细讲解编写程序前如何分析，如何编写程序等。本任务涉及的主要内容有程序功能的分析思路、程序编写方法以及流程的梳理总结等。

知识目标

1. 掌握自动售货机编程程序；
2. 了解自动售货机编程方法；
3. 掌握程序设计思路与方法。

能力目标

1. 能够完成自动售货机编程程序；
2. 能在其他程序设计中运用相似的设计思路和方法。

📖 学习内容

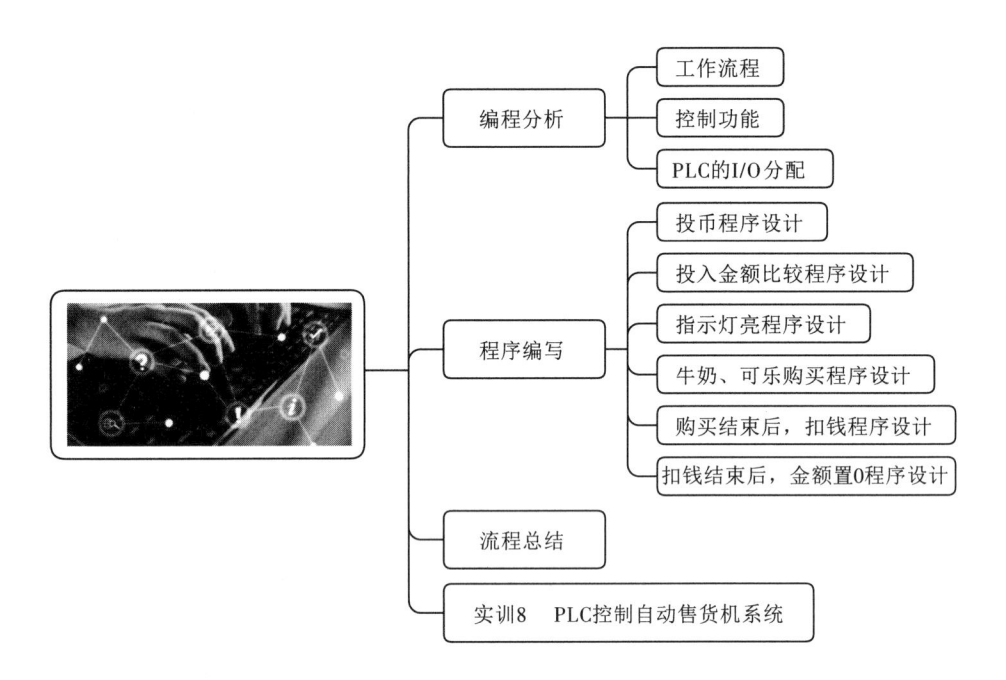

- 编程分析
  - 工作流程
  - 控制功能
  - PLC的I/O分配
- 程序编写
  - 投币程序设计
  - 投入金额比较程序设计
  - 指示灯亮程序设计
  - 牛奶、可乐购买程序设计
  - 购买结束后,扣钱程序设计
  - 扣钱结束后,金额置0程序设计
- 流程总结
- 实训8　PLC控制自动售货机系统

一、编程分析

1. 工作流程

自动售货机可支持1角、5角、1元的投币,投入纸币,自动售货机统计投入金额,当投入金额到达商品定价时商品灯亮起,显示可以购买。按下商品进行购买后,为了防止机器误动作,设定延时动作,保证商品精确出货。购买完成后,自动售货机内部进行金额扣除,并显示剩余金额,按下退币按钮,金额清除。

2. 控制功能

①所设计的自动售货机可以投入金额为1角、5角、1元的纸币,有可乐、牛奶两个可选择的按钮。

②投入钱币后对所投金额进行累加统计,结果存入数据寄存器D中。

③当所存金额大于2元时,牛奶指示灯亮起,当所存金额大于3.5元时,可乐、牛奶指示灯均亮起。

④当金额足够时按下可乐按钮,7s后可乐弹出,为防止机器误动作,不能同时选择两种饮料。

⑤按下退币按钮,剩余金额置0,金额剩余灯熄灭。

3. PLC的I/O分配

依据数据系统控制要求,确定PLC的输入/输出分配,如表3-4-1所示。

表 3-4-1 自动售货机 PLC 控制系统输入 / 输出分配

输入		输出	
功能名称	元件名称	功能名称	元件名称
投入 1 角	X000	牛奶开关	Y000
投入 5 角	X001	可乐开关	Y001
投入 1 元	X002	牛奶灯	Y004
牛奶按钮	X003	可乐灯	Y005
可乐按钮	X004	金额剩余灯	Y007
退币按钮	X005	—	—

二、程序编写

针对复杂问题，通常都是对问题进行分解，分解为简单步骤，对单个步骤逐步设计，最后将程序进行系统的融合和调试。

1. 投币程序设计

设计目标：自动售货机系统支持 1 角、5 角、1 元的投入，并能对所投金额进行累加统计。

应用的编程指令：选用 ADD 进行加法计数，但是加法计数器使用时会重复叠加，所以采用上升沿有效指令 PLS 进行计次叠加。程序如图 3-4-1 所示。

注：PLS 是"上升沿微分输出指令"的意思，只作用 1 个扫描周期，下个周期就 OFF 了（PLS 指令控制动作，一个周期动作一次，可以满足单次计数的功能）。

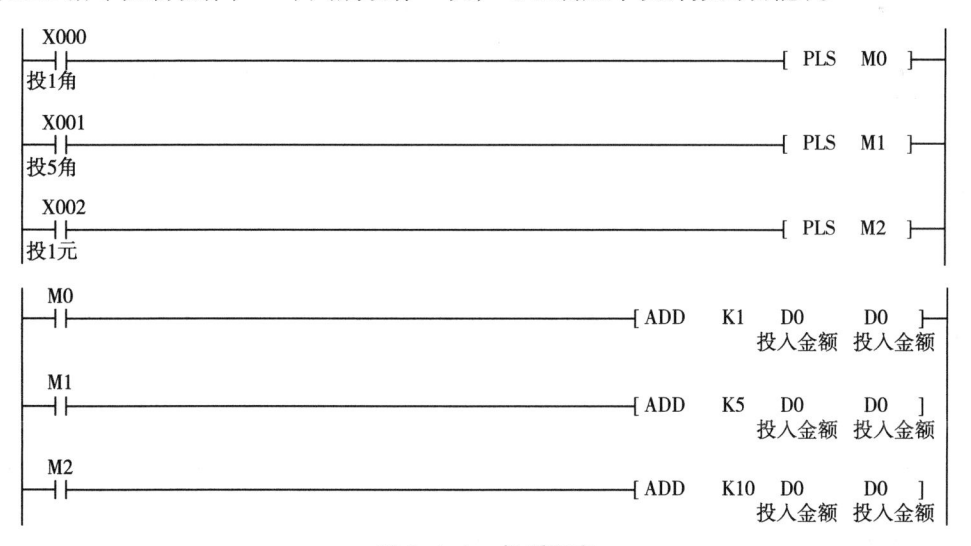

```
X000
├─┤├──────────────────────────────[ PLS  M0 ]
投1角
X001
├─┤├──────────────────────────────[ PLS  M1 ]
投5角
X002
├─┤├──────────────────────────────[ PLS  M2 ]
投1元
M0
├─┤├──────────────────────[ ADD  K1   D0    D0  ]
                                  投入金额 投入金额
M1
├─┤├──────────────────────[ ADD  K5   D0    D0  ]
                                  投入金额 投入金额
M2
├─┤├──────────────────────[ ADD  K10  D0    D0  ]
                                  投入金额 投入金额
```

图 3-4-1 投币程序

2. 投入金额比较程序设计

设计目标：当自动售货机的投入金额达到牛奶或可乐灯的购买金额时，对投入金额与定价进行比较，得出比较结果。

应用的程序编辑指令：选用比较指令 CMP，对比投入金额与牛奶的定价，将对比的结果放入辅助继电器 M10、M11、M12 中，程序如图 3-4-2 所示。

注：当 K20＞D0 时 M10 导通；

当 K20＝D0 时 M11 导通；

当 K20＜D0 时 M12 导通。

```
M8000
──┤├─────────────────────────[ CMP   K20   D0    M10 ]
                                     投入金额

          ───────────────────[ CMP   K35   D0    M20 ]
                                     投入金额

          ───────────────────[ CMP   K0    D0    M30 ]
                                     投入金额
```

图 3-4-2　金额比较程序

3. 指示灯亮程序设计

设计目标：当自动售货机的投入金额达到牛奶或可乐的购买金额时，对应的指示灯亮起。

应用的程序编辑指令：对比投入金额与牛奶的定价，当所投金额大于或等于定价时，指示灯亮起（或用并列程序表示），程序如图 3-4-3 所示。

注：当 K20＞D0 时 M10 导通；

当 K20＝D0 时 M11 导通；

当 K20＜D0 时 M12 导通。

```
  M12
──┤├───────────────────────────────────────( Y004 )
  M11                                        牛奶灯
──┤├──┘

  M22
──┤├───────────────────────────────────────( Y005 )
  M21                                        可乐灯
──┤├──┘

  M32
──┤├───────────────────────────────────────( Y007 )
  M31                                        金额剩余
──┤├──┘
```

图 3-4-3　指示灯亮程序

4. 牛奶、可乐购买程序设计

设计目标：按下牛奶或可乐购买按钮，7s 后控制牛奶或可乐出货的电机启动，为防止同时购买两种饮料时出货发生冲突，采用互锁结构，限制同时购买。

应用的程序编辑指令：选用定时器 T0 进行 7s 定时，定时结束后出货电机停止。程序如图 3-4-7 所示。

①当可以购买牛奶指示灯亮起时，按下牛奶购买按钮，牛奶电机启动，牛奶出货。程序如图 3-4-4 所示。

```
   X003   Y004                              ( Y000 )
   牛奶按钮 牛奶灯                            牛奶开关
```

图 3-4-4　牛奶购买程序（1）

②按一下按钮，电机点动，为了保持电机动作，将按钮自锁；在自动售货机中，一般不允许两个商品同时购买，防止出货时两个商品碰撞造成破损，所以加一个互锁开关 Y1，如图 3-4-5 所示。

```
   X003   Y004   Y001                       ( Y000 )
   牛奶按钮 牛奶灯 可乐开关                   牛奶开关
   Y000
   牛奶开关
```

图 3-4-5　牛奶购买程序（2）

③按下按钮后，出货电机一直动作，需要设计电机自动停止程序。在自动售货机中规定让电机动作 7s，以保证商品送货。7s 定时结束后，用定时器 T1 控制程序停止，如图 3-4-6 所示。

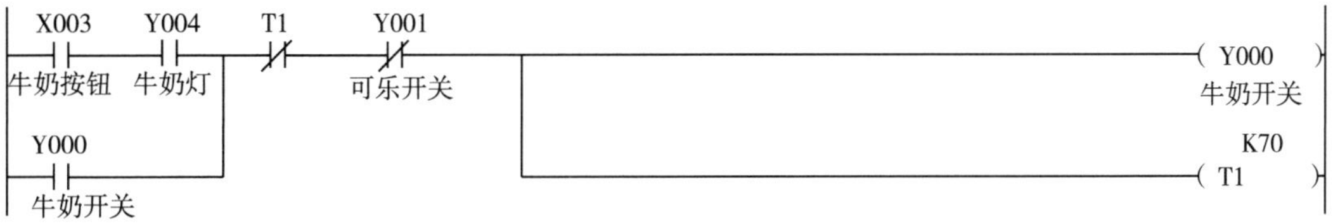

```
   X003   Y004   T1   Y001                  ( Y000 )
   牛奶按钮 牛奶灯     可乐开关               牛奶开关
   Y000                                       K70
   牛奶开关                                  ( T1 )
```

图 3-4-6　完整牛奶购买程序

④依照牛奶购买程序步骤，完成可乐购买程序，如图 3-4-7 所示。

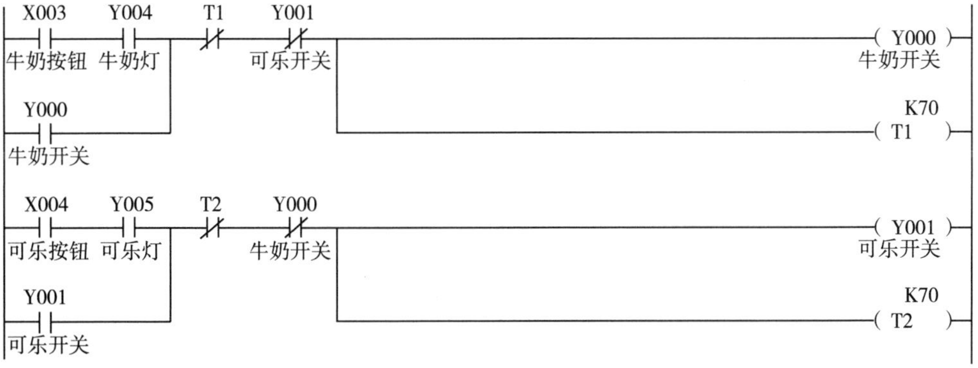

```
   X003   Y004   T1   Y001                  ( Y000 )
   牛奶按钮 牛奶灯     可乐开关               牛奶开关
   Y000                                       K70
   牛奶开关                                  ( T1 )

   X004   Y005   T2   Y000                  ( Y001 )
   可乐按钮 可乐灯     牛奶开关               可乐开关
   Y001                                       K70
   可乐开关                                  ( T2 )
```

图 3-4-7　牛奶、可乐购买程序

5. 购买结束后，扣钱程序设计

设计目标：购买结束后，将投入金额减去产品定价，结果存到投入金额中。

应用的程序编辑指令：选用 SUB 减法指令，当购买可乐后，启动可乐减法指令，对投入金额进行计算，程序如图 3-4-8 所示。

```
Y000
──┤├──────────────────────────────────[ PLS    M6 ]
牛奶开关

Y001
──┤├──────────────────────────────────[ PLS    M7 ]
可乐开关

M6
──┤├──────────────────────────[ SUB   D0      K20     D0    ]
                                     投入金额            投入金额

M7
──┤├──────────────────────────[ SUB   D0      K35     D0    ]
                                     投入金额            投入金额
```

图 3-4-8　扣钱程序

6. 扣钱结束后，金额置 0 程序设计

扣钱结束后，将金额置 0，程序如图 3-4-9 所示。

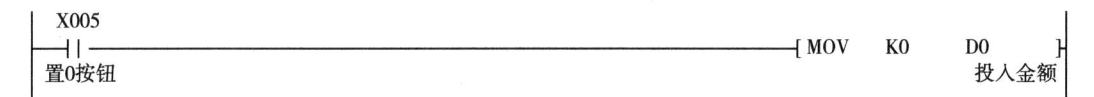

```
X005
──┤├─────────────────────────────[ MOV    K0       D0   ]
置0按钮                                             投入金额
```

图 3-4-9　金额置 0 程序

三、流程总结

在遇到程序设计问题时，通常分为 5 个步骤。

①确定工作流程步骤，列出大纲。

②确定所设计程序的应用功能。例如自动售货机程序设计中，要确定售货机收纳什么样的钱币，购买什么商品，设置什么按钮等。

③确定 PLC 的输入输出。例如自动售货机程序设计中，确定输入按钮有什么，输出有什么。

④依据流程步骤，分步编写程序。

⑤合并分步程序，得到完整程序，通过"转换/编译"检查程序。

实训8　PLC控制自动售货机系统

实训名称	PLC 控制自动售货机系统
实训内容	对自动售货机系统的工作流程，程序设计进行实训

续表

实训目标	1. 能够描述自动售货机的工作流程； 2. 掌握编写自动售货机的PLC程序； 3. 能够对程序设计的步骤有清晰的认识
实训课时	12课时
实训地点	PLC实训室

练习题

按以下设计要求完成程序设计，并画出梯形图：

（1）按一下按钮X0，将寄存器数据D0置1；

（2）按一下按钮X1，将D0进行加1处理（只执行一次）；

（3）比较K6与D0，结果放在M10中；

（4）M10、M11、M12分别控制灯Y0、Y1、Y2。

问题：

（1）按下5次X1按钮后，D0为多少？哪个灯亮起？

（2）按下6次X1按钮后，D0为多少？哪个灯亮起？

（3）按下X0按钮后，D0为多少？哪个灯亮起？

任务完成报告

姓名		学习日期	
任务名称	PLC 的编程调试		
学习自评	考核内容	完成情况	
	1. 自动售货机编程方法掌握	□好 □良好 □一般 □差	
	2. 自动售货机程序编写	□好 □良好 □一般 □差	
	3. 程序编程方法归纳	□好 □良好 □一般 □差	
学习心得			

项目 4
气动机械手人机界面设计调试

随着自动化、智能化程度的普遍提高，工业生产中的自动化设备越来越多，执行机构的应用也越来越广泛，特别是常见的抓取机构，一般为机械手配备夹爪或者吸盘工具。

本项目主要目标是完成 PLC 控制气动手抓取物料系统的安装调试，主要包括 PLC 编程应用、触摸屏编程应用、电气系统的安装接线与调试。

本项目分为 4 个任务：

任务 1　触摸屏认识

触摸屏又称为触控屏，它作为一种最新的电脑输入设备，是简单、方便、自然的一种人机交互方式，用于公共信息的查询、工业控制、军事指挥、电子游戏、多媒体教学等。本任务的主要目标是认识触摸屏，了解触摸屏在实际生产生活中的应用，了解触摸屏有哪些种类，理解并掌握触摸屏的安装接线方式。

任务 2　触摸屏编程

当接触了屏幕上的图形按钮时，屏幕上的触觉反馈系统可根据预先编程的程式驱动各种连接装置，触摸屏上的按钮、画面等是如何制作出来的？所以，本任务主要目标是对触摸屏进行编程，能够在触摸屏上编写按钮、指示灯等画面。本任务涉及的知识内容有触摸屏编程软件介绍、触摸屏编程指令、根据需求设计触摸屏画面。

任务 3　PLC 与触摸屏通信

触摸屏作为一种人机界面，需要与控制器连接，通过控制器来控制相关设备的运行，同样，控制器接收相关设备的运行信息，发送给触摸屏显示。由此，可以看出触摸屏需要与控制器（本课程为 PLC）建立通信，实现信息的交互。本任务的主要目标是完成触摸屏与 PLC 之间的通信应用。本任务涉及的内容有 PLC 与触摸屏的常用通信介绍，PLC 与触摸屏的通信设置方法等。

任务 4　PLC 控制气动机械手配盘

本任务包含两个实训，讲解电气安装的接线、PLC 及触摸屏的编程、对控制系统的功能调试。

通过 4 个任务的学习，同学们应掌握触摸屏的操作，触摸屏的简单编程及界面设计，触摸屏的通信设置，抓取物料系统的配盘，能够理解不同触摸屏的分类方式和工作原理，并对触摸屏编程软件进行简单操作。

任务 1　触摸屏认识

触摸屏又称为触控屏，它作为一种最新的电脑输入设备，是简单、方便、自然的一种，本任务的主要目标是认识触摸屏，了解触摸屏在实际生产生活中的应用，了解触摸屏有哪些种类，理解并掌握触摸屏的安装接线方式。

知识目标

1. 了解不同的触摸屏分类；
2. 了解不同触摸屏的工作原理；
3. 掌握触摸屏的安装接线。

能力目标

1. 能描述不同的触摸屏分类及其工作原理；
2. 能对触摸屏进行插接线。

学习内容

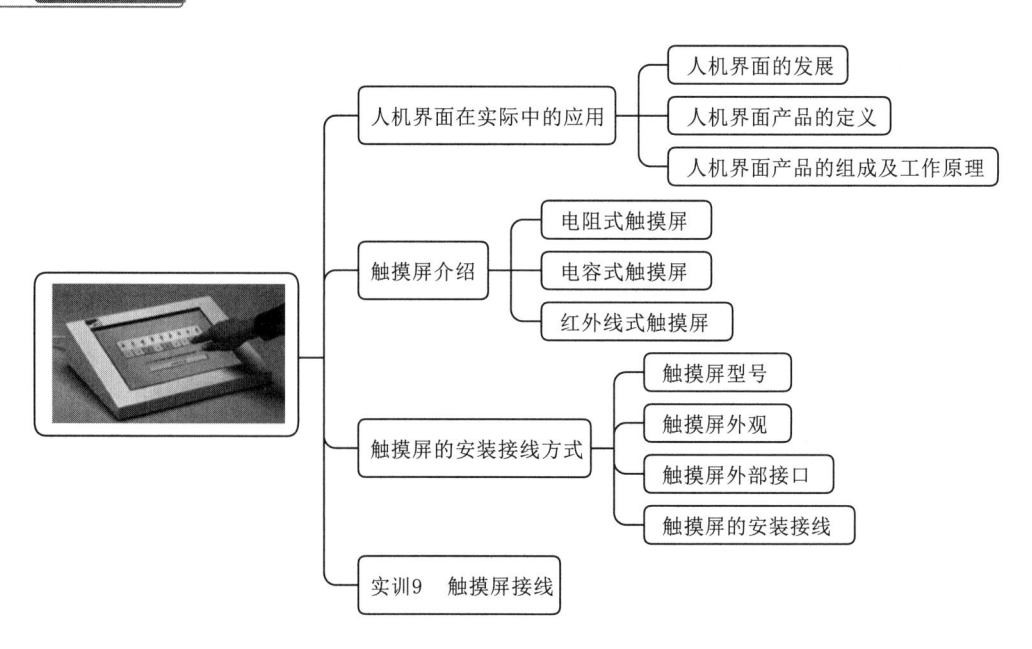

- 人机界面在实际中的应用
  - 人机界面的发展
  - 人机界面产品的定义
  - 人机界面产品的组成及工作原理
- 触摸屏介绍
  - 电阻式触摸屏
  - 电容式触摸屏
  - 红外线式触摸屏
- 触摸屏的安装接线方式
  - 触摸屏型号
  - 触摸屏外观
  - 触摸屏外部接口
  - 触摸屏的安装接线
- 实训 9　触摸屏接线

我们已经学习了 PLC 的基本编程指令及简单控制系统的程序设计，对用常用编程软件编写 PLC 程序及接线调试有了基本认识，为拓宽 PLC 使用操作层面，现对 PLC 的触摸屏相关编程、接线、操作等知识进行讲解。

> **课前小思考：**
>
> 简述生活中遇见的触摸屏应用，分组讨论，每组3~4人，思考3分钟，每组至少说出4种应用案例，可以重复（可以不局限于身边的案例，电影电视中的应用案例也可以）。

一、人机界面在实际中的应用

1. 人机界面的发展

计算机的发展和应用领域的拓宽，带来了不同的理论方法。20 世纪 80 年代以来，人机界面的研究有了前所未有的发展，微型计算机的迅速普及对此起了重要的推动作用。由于用户界面能更好地反映设备和流程的状态，并通过视觉和触摸的效果，带给用户更直观的感受，因此国内的自动化产业，一些原本不用人机界面的行业，现在也开始使用人机界面了，这说明人机界面已经成为人们生活中不可缺少的一部分。某些人机界面产品已经具备了工控机的功能，甚至比工控机更强，它综合了从软件到硬件，从显示到 CPU 核心部件，以及工控机的操作系统，包括工业以太网的接口。因此，我们所说的人机界面是工控机的另一种体现形式，它不仅限于显示和控制，也能更好地为客户提供综合的解决方案。

2. 人机界面产品的定义

人机界面是系统与用户之间进行信息交换的媒介，实现人与机器信息交互的数字设备，由硬件和软件两部分组成。人机界面简称 HMI（Human-Machine Interface）。

三菱常用的人机界面有触摸屏、显示模块和小型显示器。触摸屏是图形操作终端在工业控制中的通俗叫法，是目前最新的一种人机交换设备。

3. 人机界面产品的组成及工作原理

人机界面产品由**硬件**和**软件**两部分组成。

硬件部分包括处理器、显示单元、输入单元、通信接口、数据存储单元等，其中处理器的性能决定了 HMI 产品的性能高低，是 HMI 的核心单元。根据 HMI 的产品等级不同，可分别选用 8 位、16 位、32 位的处理器，如图 4-1-1 所示。

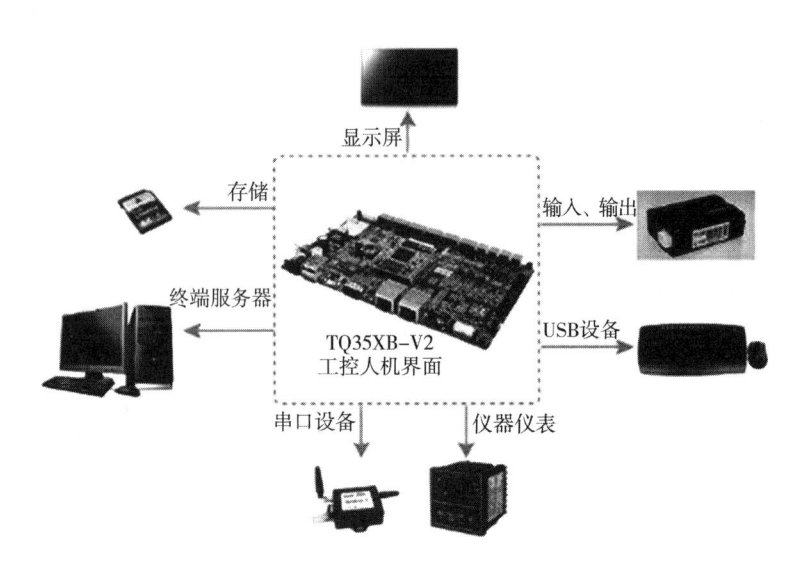

图 4-1-1　人机界面硬件构成

HMI 软件一般分为两部分，即运行于 HMI 硬件中的系统软件和运行于 PC 中 Windows 操作系统下的画面组态软件。使用者都必须先使用 HMI 的画面组态软件制作"工程文件"，再通过 PC 和 HMI 产品的串行通信接口，把编制好的"工程文件"下载到 HMI 的处理器中运行，如图 4-1-2 所示。

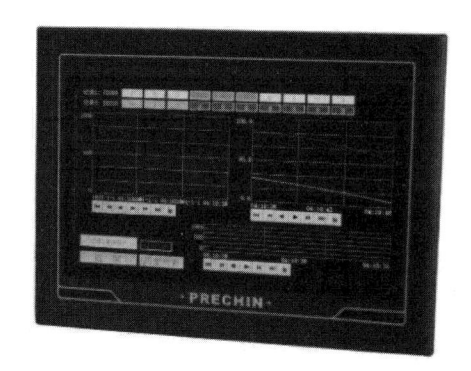

图 4-1-2　人机界面软件构成

知识点回顾：

PLC的基本组成结构有哪些？（将答案写在下方空白处）

二、触摸屏介绍

1. 电阻式触摸屏

这种触摸屏利用压力感应进行控制。电阻式触摸屏的主要部分是一块显示器表面非常灵敏的电阻薄膜屏，这是一种多层的复合薄膜，它以一层玻璃或硬塑料平板作为基层，表面涂有一层透明氧化金属（透明的导电电阻）导电层，上面再盖有一层外表面硬化处理、光滑防擦的塑料层，它的内表面也涂有一层涂层，在它们之间有许多细小的透明隔离点把两层导电层隔开绝缘。

当手指触摸屏幕时，两层导电层在触摸点位置就有了接触，电阻发生变化，在 X 和 Y 两个方向上产生信号，然后送触摸屏控制器。控制器侦测到这一接触并计算出（X, Y）的位置，再根据模拟鼠标的方式运作。这就是电阻式触摸屏的最基本原理，如图 4-1-3 所示。

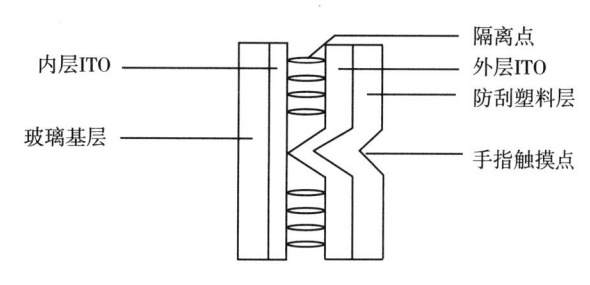

图 4-1-3　电阻式触摸屏

不管是四线电阻式触摸屏还是五线电阻式触摸屏，都是一种对外界完全隔离的工作环境，不怕灰尘和水汽，它可以用任何物体来触摸，可以用来写字、画画，比较适合工业控制领域及办公室内有限人的使用。电阻式触摸屏共同的缺点是因为复合薄膜的外层采用塑胶材料，不知道的人太用力或使用锐器触摸可能划伤整个触摸屏而导致报废。不过，在触摸限度之内，划伤只会伤及外导电层，外导电层的划伤对于五线电阻式触摸屏来说没有影响，而对四线电阻式触摸屏来说是致命的。

2. 电容式触摸屏

电容式触摸屏是利用人体的电流感应进行工作的。电容式触摸屏是一块四层复合玻璃屏，玻璃屏的内表面和夹层各涂有一层 ITO，最外层是一薄层矽土玻璃保护层，夹层 ITO 涂层作为工作面，四个角上引出四个电极，内层 ITO 为屏蔽层，以保证良好的工作环境。

当手指触摸在金属层上时，由于人体电场，用户和触摸屏表面形成以一个耦合电容，对于高频电流来说，电容是直接导体，于是手指从接触点吸走一个很小的电流。这个电流分别从触摸屏四角上的电极中流出，并且流经这四个电极的电流与手指到四角的距离成正比，控制器通过对这四个电流比例的精确计算，得出触摸点的位置，如图 4-1-4 所示。

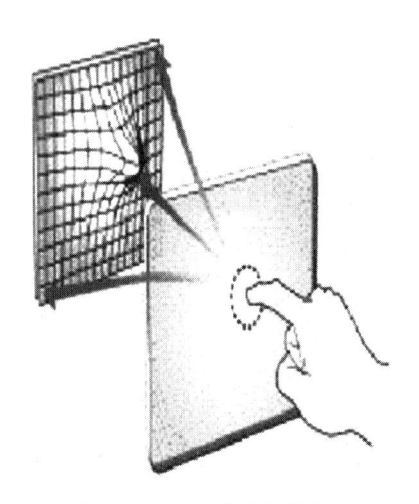

图 4-1-4　电容式触摸屏

电容式触摸屏的透光率和清晰度优于电阻屏，但是电容屏反光严重，而且，电容技术的四层复合触摸屏对各波长光的透光率不均匀，存在色彩失真的问题，由于光线在各层间的反射，还造成图像字符模糊。电容屏在原理上把人体当作电容器元件的一个电极使用，当有导体靠近夹层 ITO 工作面之间耦合出足够容量值的电容时，流走的电流就足够引起电容屏的误动作。

电容屏的另一个缺点用戴手套的手或手持不导电的物体触摸时没有反应。电容屏更主要的缺点是漂移：当环境温度、湿度改变时，环境电场发生改变时，都会引起电容屏的漂移，造成不准确。例如：开机后显示器温度上升会造成漂移；用户触摸屏幕的同时另一只手或身体一侧靠近显示器也会漂移。

3. 红外线式触摸屏

红外线式触摸屏是利用 X、Y 方向上密布的红外线矩阵来检测并定位用户的触摸。红外线式触摸屏在显示器的前面安装一个电路板外框，电路板在屏幕四边排布红外发射管和红外接收管，一一对应形成横竖交叉的红外线矩阵。用户在触摸屏幕时，手指就会挡住经过该位置的横竖两条红外线，因而可以判断出触摸点在屏幕上的位置。任何触摸物体都可改变触点上的红外线而实现触摸屏操作，如图 4-1-5 所示。

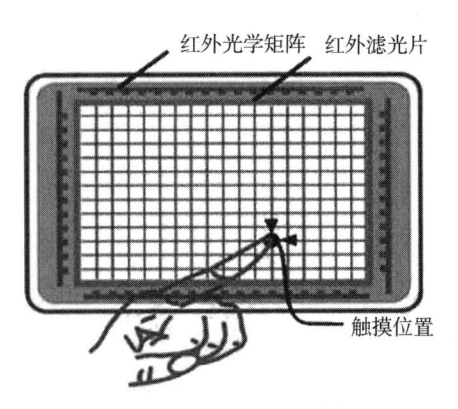

图 4-1-5　红外线式触摸屏

项目4 气动机械手人机界面设计调试

红外线式触摸屏不受电流、电压和静电干扰，适宜恶劣的环境条件，红外线技术是触摸屏产品最终的发展趋势。采用声学和其他材料学技术的触屏都有其难以逾越的屏障，如单一传感器的受损、老化，触摸界面怕受污染、破坏性使用且维护繁杂等问题。

红外线式触摸屏只要真正实现了高稳定性能和高分辨率，必将替代其他技术产品而成为触摸屏市场主流。

三、触摸屏的安装接线方式

在本项目中我们以昆仑通泰公司生产的 TPC762TD 触摸屏为例，进行触摸屏的接线、编程、控制等操作。

1. 触摸屏型号

本项目采用的触摸屏型号为 TPC7062TD。

2. 触摸屏外观

触摸屏的外观如图 4-1-6 所示。

图 4-1-6　触摸屏正反面外观

3. 触摸屏外部接口

触摸屏接口如图 4-1-7 所示，其详细信息如表 4-1-1 所示。

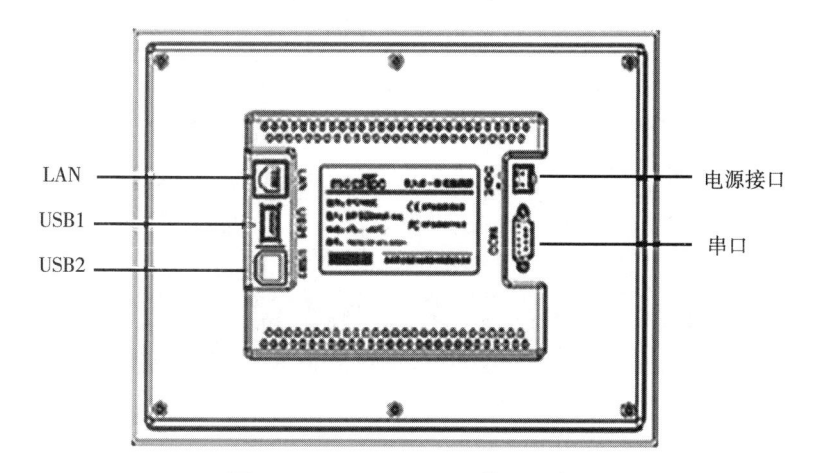

图 4-1-7　TPC7062TD 接口示意图

表 4-1-1 TPC7062TD 接口详细信息

接口	TPC7062TD	作用
LAN	无	无
串口	1×RS232	与 PLC 通信 对 PLC 的运行控制与监视
USB1	主口 USB2.0 兼容	备用通信口 可先将程序下载到 U 盘，使用 U 盘与触摸屏通信
USB2	从口，用于下载工程	与计算机通信 对计算机软件编程进行下载
电源接口	DC24±20%V	给触摸屏供电 保障触摸屏的正常运行

生活小常识：

（1）安全电压是多少伏？

（2）家庭照明电路的电压是多少伏？频率是多少赫兹？

4. 触摸屏的安装接线

（1）电源接口接线

电源接口接直流 24V 电源，接线时注意电源接口的"正负"端子，如图 4-1-8 所示。

注：家用电路为 AC 220V，不能直接与触摸屏接线，使用稳压电源将 AC 220V 转换为 DC 24V，然后进行接线。

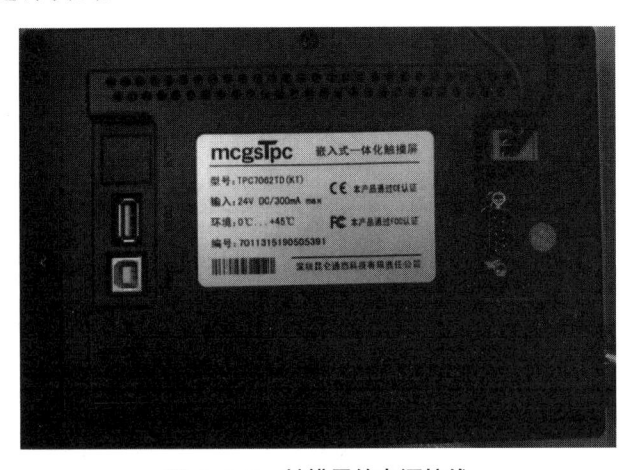

图 4-1-8 触摸屏的电源接线

（2）PLC 通信接线

触摸屏与 PLC 使用触摸屏的串口进行接线，如图 4-1-9 所示。

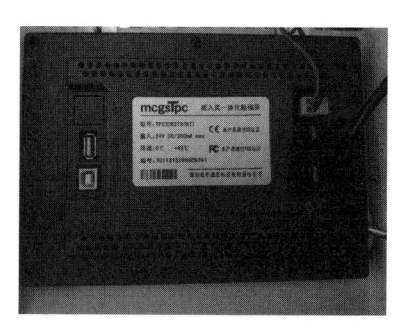

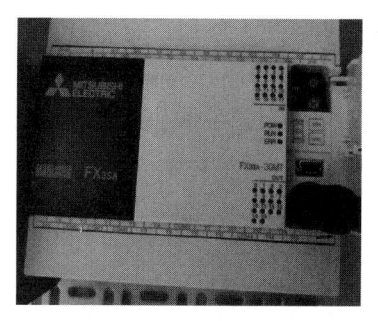

图 4-1-9　触摸屏与 PLC 接线

（3）计算机通信接线

触摸屏与电脑使用 USB2 接口接线，如图 4-1-10 所示。

图 4-1-10　触摸屏与计算机接线

实训9　触摸屏接线

实训名称	触摸屏接线
实训内容	对触摸屏进行接线测试
实训目标	1. 掌握触摸屏的电气接线； 2. 掌握主电路的电路图
实训课时	2 课时
实训地点	PLC 实训室

练习题

1. 填空题

（1）人机界面 HMI 的英文全称是 _____。

（2）人机界面产品由 _____ 和 _____ 两部分组成。

（3）通常情况下，触摸屏有电阻式、_____ 和 _____。

2. 简答题

（1）昆仑通泰公司生产的TPC762TD触摸屏有哪些接口？

（2）触摸屏如何安装接线？

任务完成报告

姓名		学习日期	
任务名称	触摸屏认识		
学习自评	考核内容		完成情况
	1. 了解不同的触摸屏分类		□好 □良好 □一般 □差
	2. 了解不同触摸屏的工作原理		□好 □良好 □一般 □差
	3. 掌握触摸屏的安装接线		□好 □良好 □一般 □差
学习心得			

任务2　触摸屏编程

当接触了屏幕上的图形按钮时，屏幕上的触觉反馈系统可根据预先编程的程式驱动各种连接装置，触摸屏上的按钮、画面等是如何制作出来的？所以，本任务主要目标是对触摸屏进行编程，能够在触摸屏上编写按钮、指示灯等画面。本任务涉及的知识内容有触摸屏编程软件介绍、触摸屏编程指令、根据需求设计触摸屏画面。

知识目标

1. 掌握触摸屏软件的基本操作；
2. 掌握触摸屏的编程；
3. 掌握触摸屏基本界面设计。

能力目标

1. 能利用触摸屏软件完成基本控制的编程；
2. 能对触摸屏进行界面设计。

学习内容

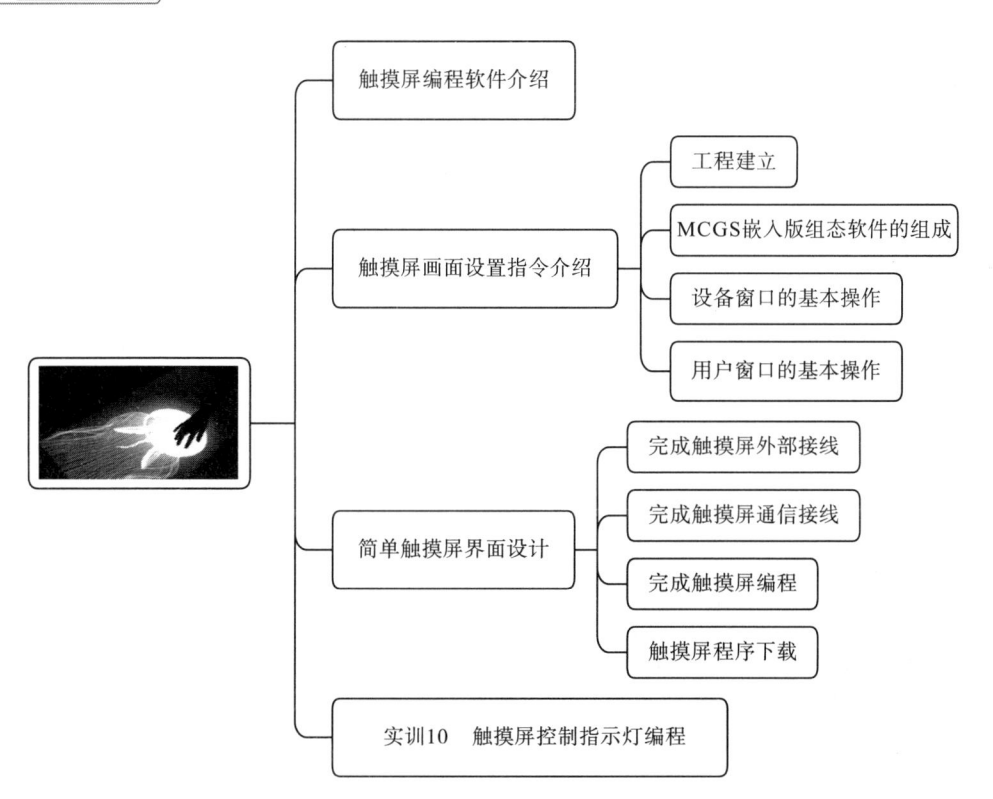

- 触摸屏编程软件介绍
- 触摸屏画面设置指令介绍
  - 工程建立
  - MCGS嵌入版组态软件的组成
  - 设备窗口的基本操作
  - 用户窗口的基本操作
- 简单触摸屏界面设计
  - 完成触摸屏外部接线
  - 完成触摸屏通信接线
  - 完成触摸屏编程
  - 触摸屏程序下载
- 实训10　触摸屏控制指示灯编程

课前小思考：
说说你身边接触到的软件，包括电脑软件、手机软件等。

一、触摸屏编程软件介绍

MCGS 嵌入版组态软件是昆仑通态公司专门为 MCGSTPC 开发的组态软件，主要完成现场数据的采集与监测、前端数据的处理与控制。

MCGS 嵌入版组态软件与相关的硬件设备结合，可以快速、方便地开发各种用于现场采集、数据处理和控制的设备。例如可以灵活监控各种智能仪表、数据采集模块、无纸记录仪、无人值守的现场采集站、人机界面等专用设备。

MCGS 嵌入版组态软件具有以下主要特点：

①简单灵活的可视化操作界面：采用全中文、可视化的开发界面，符合中国人的使用习惯和要求。

②实时性强、有良好的并行处理性能：是真正的 32 位系统，以线程为单位对任务进行分时并行处理。

③丰富、生动的多媒体画面：以图像、图符、报表、曲线等多种形式，为操作员及时提供相关信息。

④完善的安全机制：提供了良好的安全机制，可以为多个不同级别用户设定不同的操作权限。

⑤强大的网络功能：具有强大的网络通信功能。

⑥多样化的报警功能：提供多种不同的报警方式，具有丰富的报警类型，方便用户进行报警设置。

⑦支持多种硬件设备。

二、触摸屏画面设置指令介绍

1. 工程建立

①双击电脑桌面上的组态环境快捷方式 ![图标]，可打开嵌入版组态软件。

②单击文件菜单中"新建工程"图标 ![图标]，弹出"新建工程设置"对话框，TPC 类型选择"TPC7062TX"，点击"确定"按钮，如图 4-2-1 所示。

③执行"文件 / 工程另存为"，弹出文件保存窗口。

④选择工程文件要保存的路径，在文件名一栏内输入"TPC 控制通讯工程"，点击"保存"按钮，工程创建完毕，如图 4-2-2 所示。

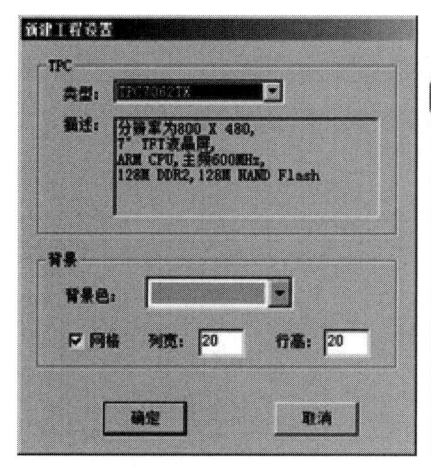

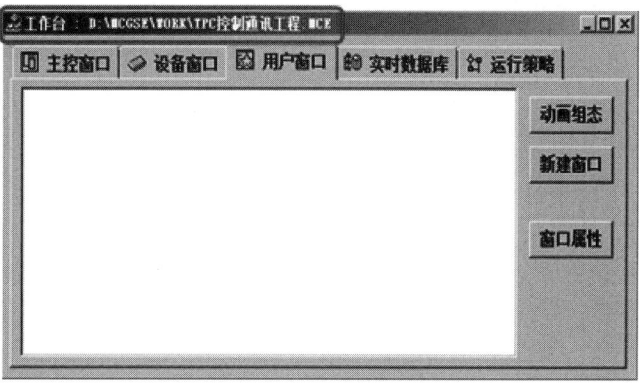

图 4-2-1　新建工程　　　　　　　　　　图 4-2-2　创建工程

2. MCGS 嵌入版组态软件的组成

MCGS 嵌入版生成的用户应用系统如图 4-2-2 所示，由主控窗口、设备窗口、用户窗口、实时数据库和运行策略五个部分构成。

主控窗口：构造了应用系统的主框架。用于对整个工程相关的参数进行配置，可设置封面窗口、运行工程的权限、启动画面、内存画面、磁盘预留空间等。

设备窗口：是应用系统与外部设备联系的媒介。专门用来放置不同类型和功能的设备构件，实现对外部设备的操作和控制。设备窗口通过设备构件把外部设备的数据采集进来，送入实时数据库，或把实时数据库中的数据输出到外部设备。

用户窗口：实现了应用系统数据和流程的"可视化"。工程里所有可视化的界面都是在用户窗口里构建的。用户窗口中可以放置三种不同类型的图形对象：图元、图符和动画构件。通过在用户窗口内放置不同的图形对象，用户可以构造各种复杂的图形界面，用不同的方式实现数据和流程的"可视化"。

实时数据库：是应用系统的核心。实时数据库相当于一个数据处理中心，同时也起到公共数据交换区的作用。从外部设备采集来的实时数据送入实时数据库，系统其他部分操作的数据也来自实时数据库。

运行策略：是对应用系统运行流程实现有效控制的手段。运行策略本身是系统提供的一个框架，其中放置由策略条件构件和策略构件组成的"策略行"，通过对运行策略的定义，使系统能够按照设定的顺序和条件操作任务，实现对外部设备工作过程的精确控制。

3. 设备窗口的基本操作

点击工作台上的"设备窗口"标签，打开设备窗口，在设备窗口出现的图标上双击可进入设备窗口编辑界面，如图 4-2-3 所示。

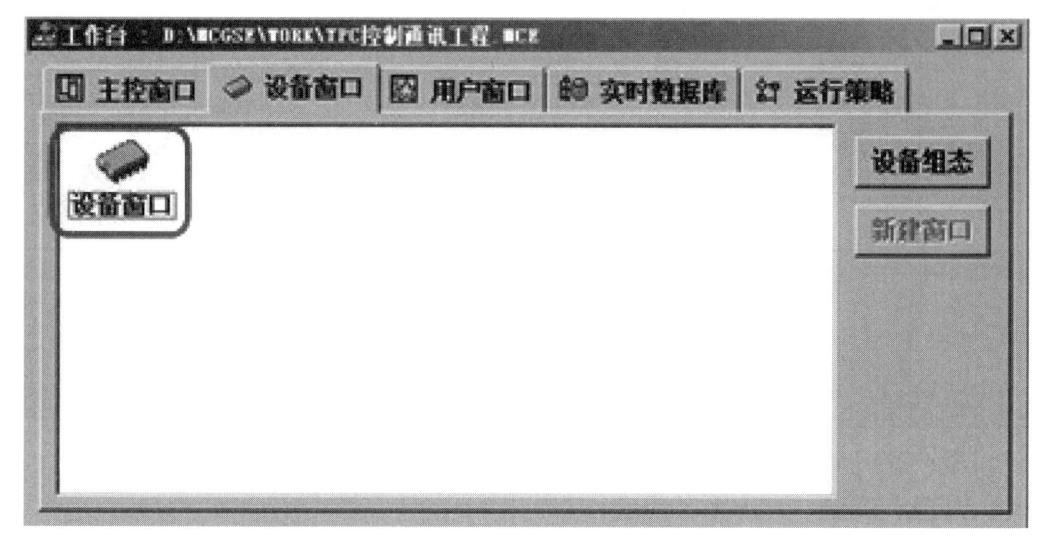

图 4-2-3 设备窗口

设备窗口编辑界面由设备组态画面和设备工具箱两部分组成。设备组态画面用于配置该工程需要通信的设备。设备工具箱里是常用的设备。在设备工具箱里的设备名称上双击,可以把设备添加到设备组态画面。

要添加或删除设备工具箱中的设备驱动时,可点击设备工具箱顶部的"设备管理"按钮。打开"设备管理"窗口,在"设备管理"窗口左侧的"可选设备"区域的树形目录中找到需要的设备,双击即可添加到"选定设备"区域。选中"选定设备"区域里的设备,点击窗口左下方的"删除"按钮可以将其删除,如图 4-2-4 所示。

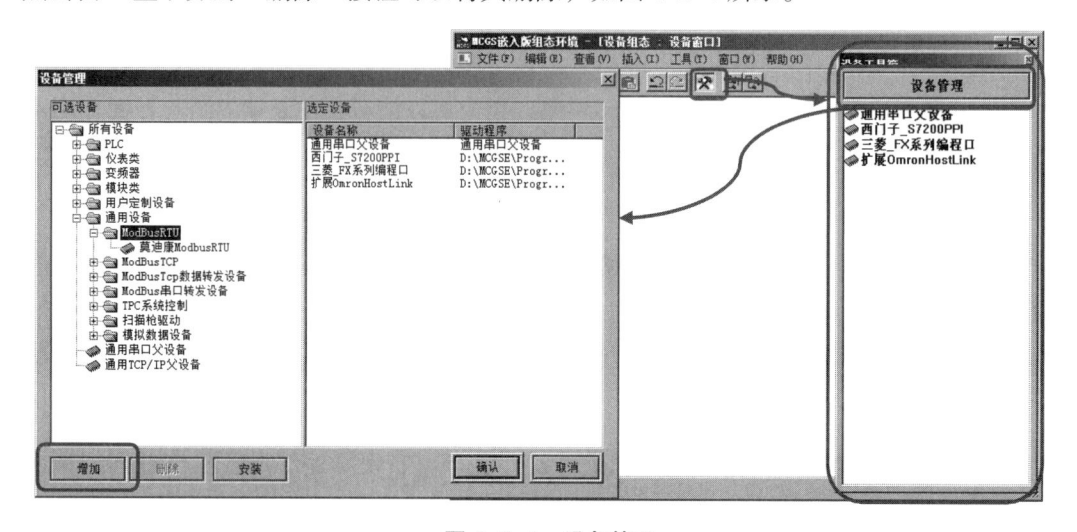

图 4-2-4 设备管理

MCGS 软件中把设备分为两个层次:父设备和子设备。父设备与硬件接口相对应。子设备放在父设备下,用于与该父设备对应的接口所连接的设备进行通信。在设备组态画面双击父设备或子设备可以设置通信参数,如图 4-2-5 所示。

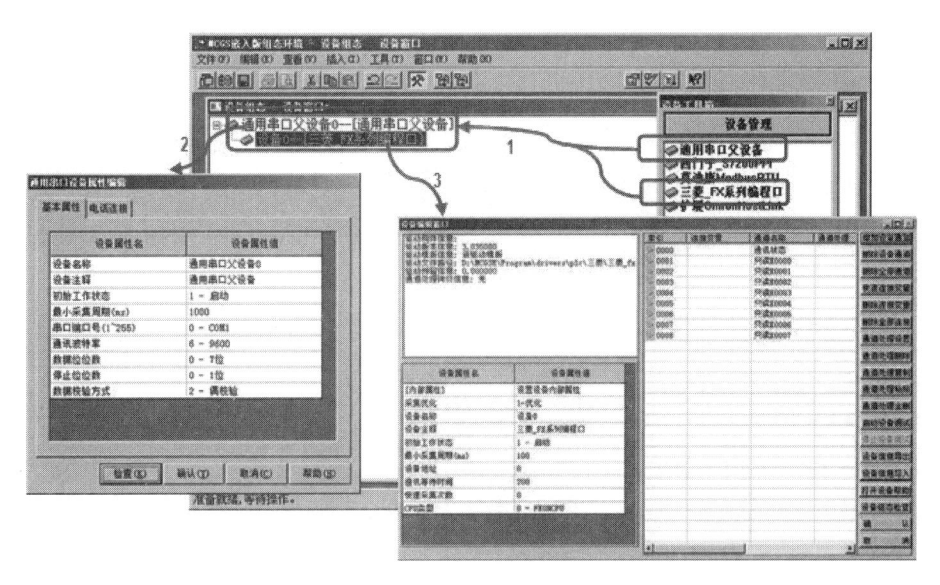

图 4-2-5 参数设置

父设备里可以设置串口号、波特率、数据位、停止位、校验方式。

子设备的设备编辑窗口分为三个区域：驱动信息区、设备属性区和通道连接区。驱动信息区里显示的是该设备驱动版本、路径等信息。设备属性区可设置采集周期、设备地址、通信等待时间等通信参数。通道连接区用于构建下位机寄存器与 MCGS 软件变量之间的映射。

4. 用户窗口的基本操作

用户窗口主界面的右侧有三个按钮，每点击一次"新建窗口"按钮可以新建一个窗口，"窗口属性"用于打开已选中窗口的属性设置。双击窗口图标或者选中窗口之后点击"动画组态"按键可以进入该窗口的编辑界面，如图 4-2-6 所示。

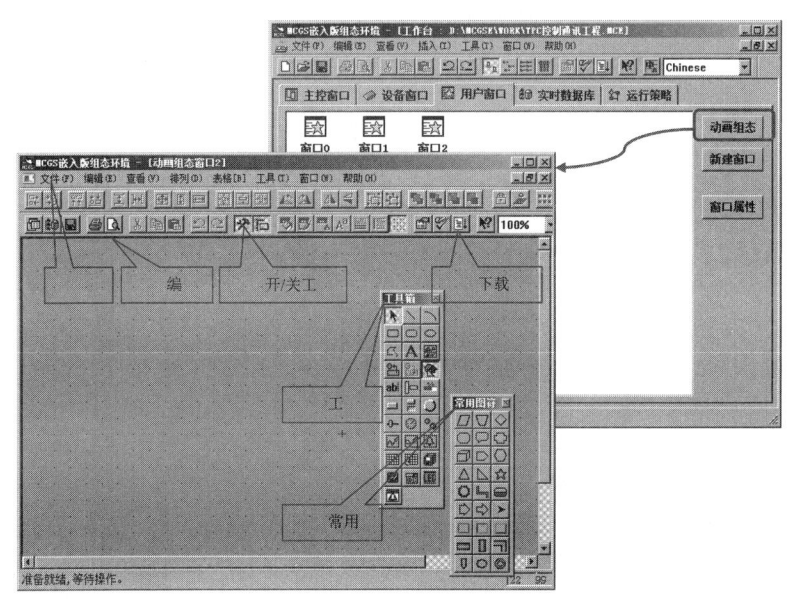

图 4-2-6 界面介绍

窗口编辑界面的主要部分是工具箱和窗口编辑区域。工具箱有我们画面组态要使用的所有构件。窗口编辑区域用于绘制画面，运行时能看到的所有画面都是在这里添加的。在工具箱里单击选中需要的构件，然后在窗口编辑区域中按住鼠标左键并拖动就可以把选中的构件添加到画面中。

工具箱里的构件很多，常用的构件有：标签、输入框、标准按钮和动画显示，如图4-2-7所示。

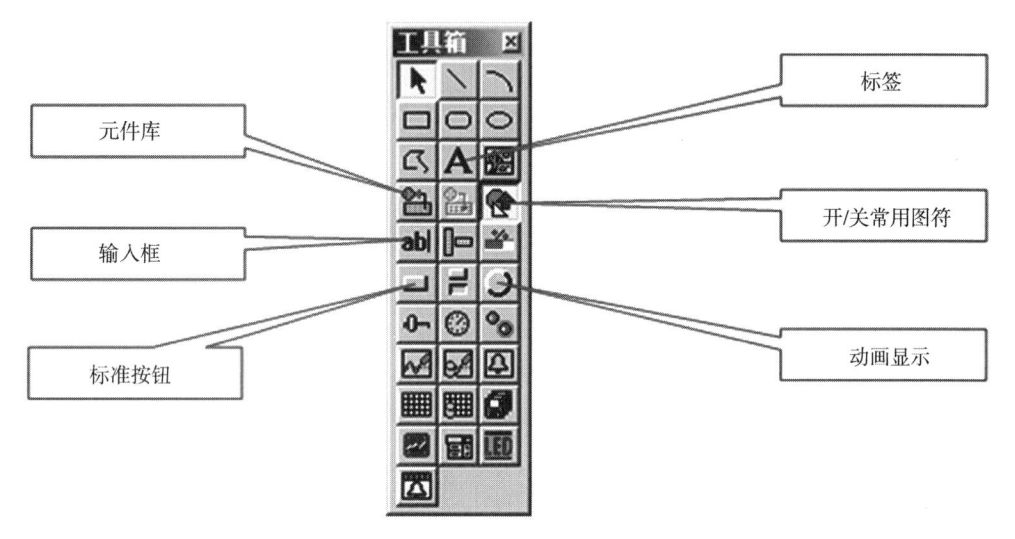

图 4-2-7　工具箱

将构件添加到窗口编辑区域之后，双击该构件就可以打开该构件的属性。因为构件的作用不同，属性设置界面有很大的差异。每个构件属性设置的详细说明，都可以通过点击属性设置界面右下角的"帮助"按钮查看，如图4-2-8所示。

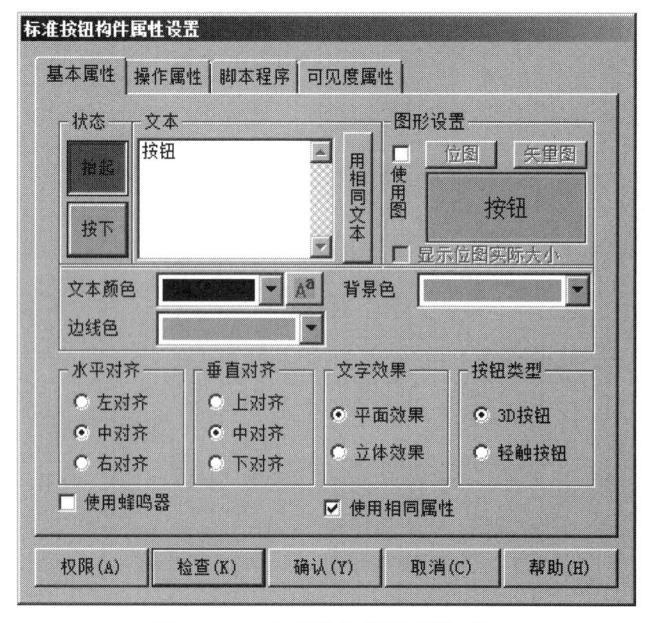

图 4-2-8　标准按钮构件属性设置

三、简单触摸屏界面设计

下面以 TPC7062TD 为例,进行程序编程与触摸屏界面设计。

程序控制目标:

①按下按钮 Y0,对应 PLC 指示灯 Y0 亮起,松开按钮,指示灯熄灭;

②按下按钮 Y1,对应 PLC 指示灯 Y1 亮起,松开按钮,指示灯熄灭;

③能够对寄存器 D0 进行输入储存。

1. 完成触摸屏外部接线

外部接线如图 4-2-9 所示。

图 4-2-9　外部接线图

2. 完成触摸屏通信接线

①使用触摸屏串口与 PLC 通信口接线,完成触摸屏与 PLC 接线。

②使用触摸屏 USB2 接口与计算机 USB 口接线,完成触摸屏与计算机接线。

3. 完成触摸屏编程

①打开触摸屏编程软件,点击最上方菜单栏的"文件"选项,点击"新建工程"按钮,如图 4-2-10 所示。

图 4-2-10 新建工程

弹出"新建工程设置"窗口,选择 TPC7062TD,点击"确定"按钮,如图 4-2-11 所示。

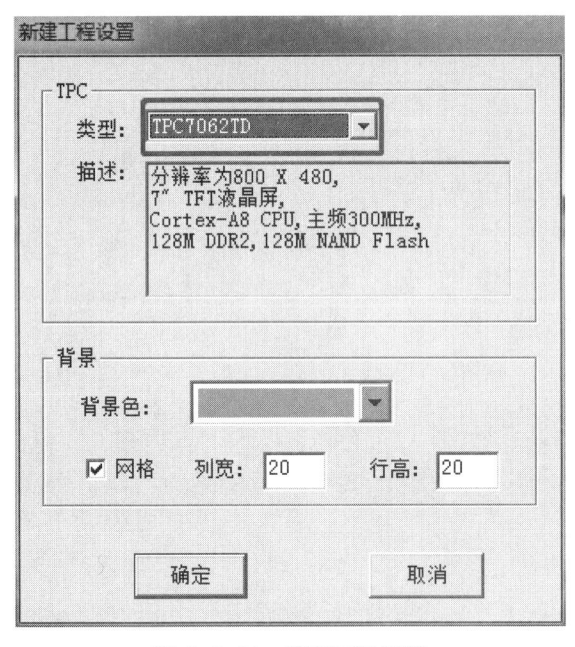

图 4-2-11 新建工程设置

②点击"设备窗口"后,双击任务框内的"设备窗口",得到"设备管理"窗口如图 4-2-12 所示。

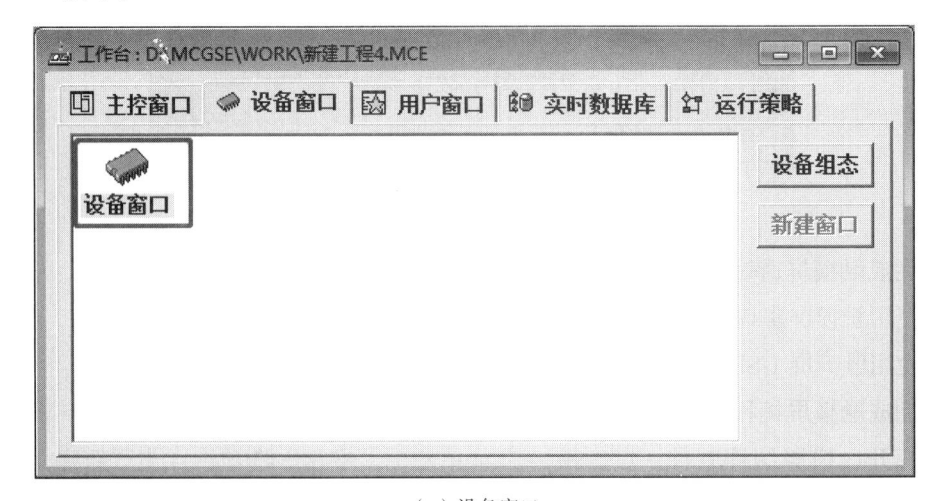

(a) 设备窗口

(b)设备管理

图 4-2-12　设备管理窗口

双击"通用串口父设备"确定父设备，然后双击"三菱-FX 系列编程口"弹出窗口，点击"确定"按钮，如图 4-2-13 所示。

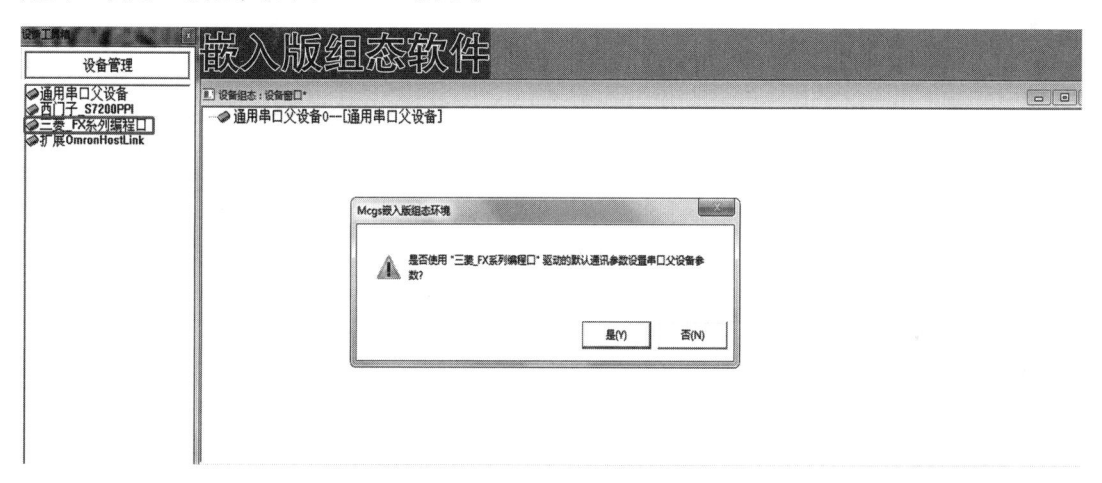

(a)设置父设备

(b)设置子设备

图 4-2-13　设置父设备和子设备

③点击左上角的"工具台"　按钮，回到设备管理界面，如图 4-2-14 所示。

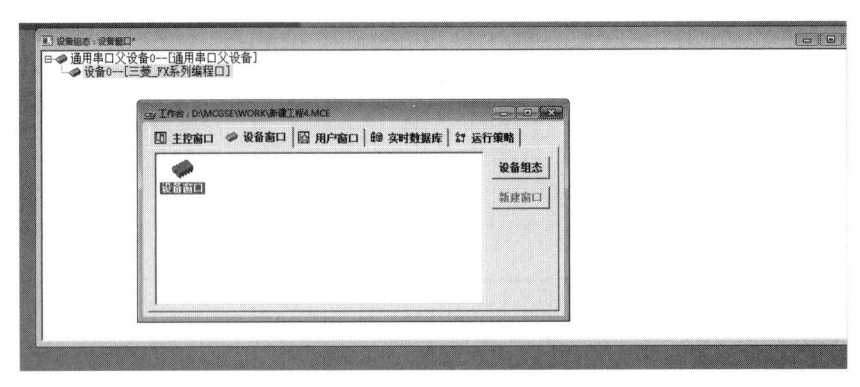

图 4-2-14　建立用户窗口

点击"用户窗口"按钮后,点击右侧的"新建窗口"按钮,得到"窗口0",如图 4-2-15 所示。

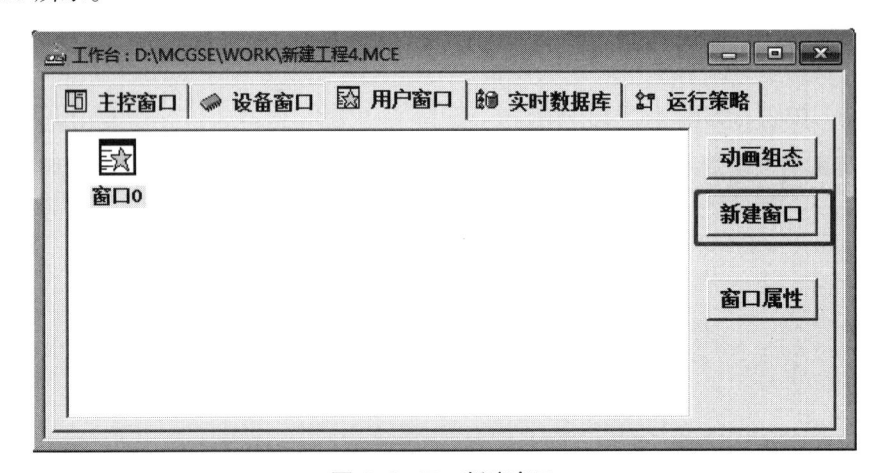

图 4-2-15　新建窗口

点击"窗口属性"按钮,修改窗口名称为"FX-3SA 控制界面",点击"确认"按钮,如图 4-2-16 所示。

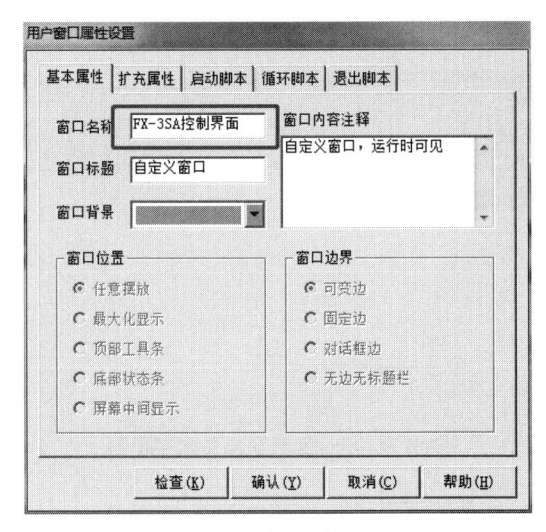

(a)窗口属性

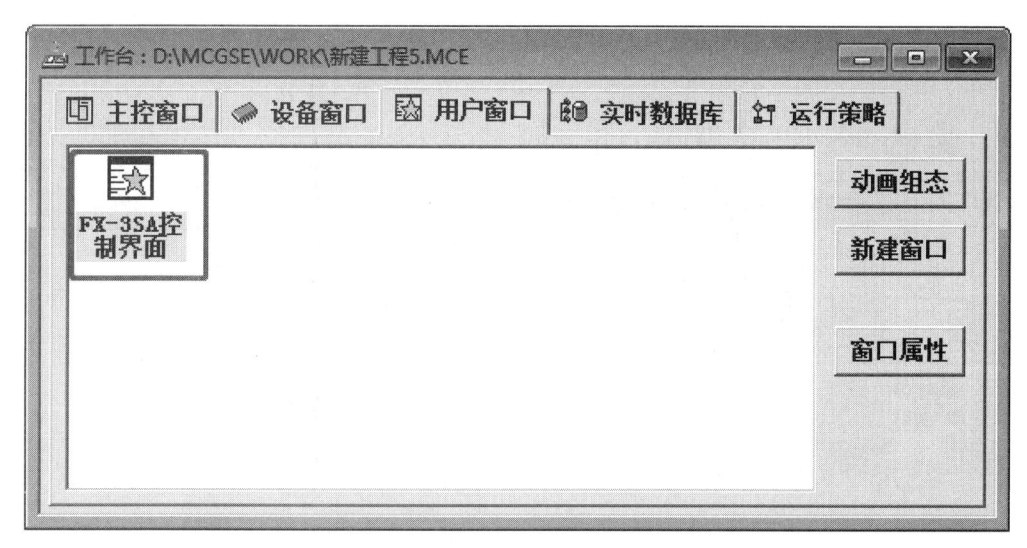

（b）控制界面

图 4-2-16 修改窗口名称

④双击"FX-3SA控制界面" ，进入触摸屏界面编辑界面，如图4-2-17所示。

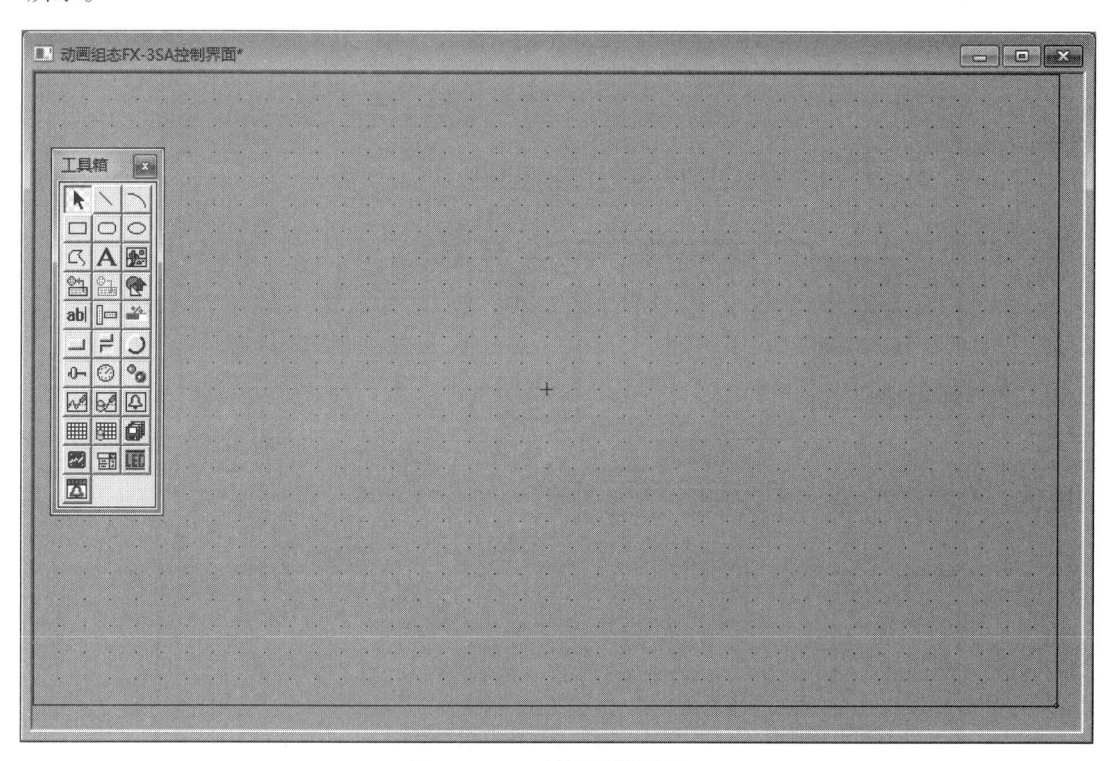

图 4-2-17 触摸屏编辑页面

⑤建立基本元件。

1）点击"标准"按钮 ，画一个长方形按钮，如图4-2-18所示。

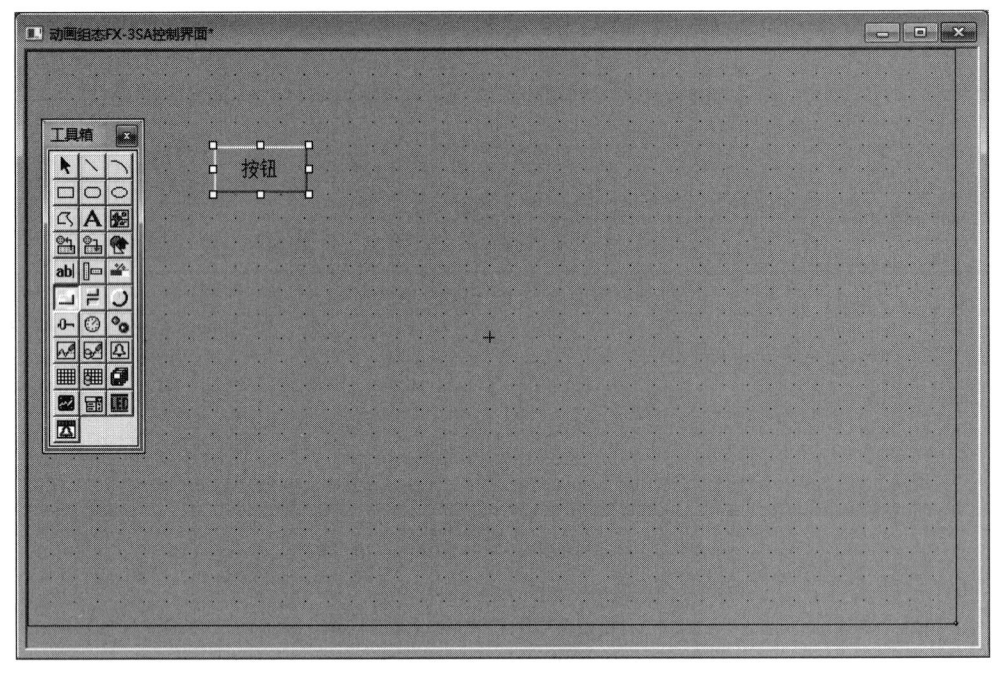

图 4-2-18 建立按钮

双击按钮,在基本属性页中将"文本"修改为"Y0",点击"确认"按钮保存,如图 4-2-19 所示。

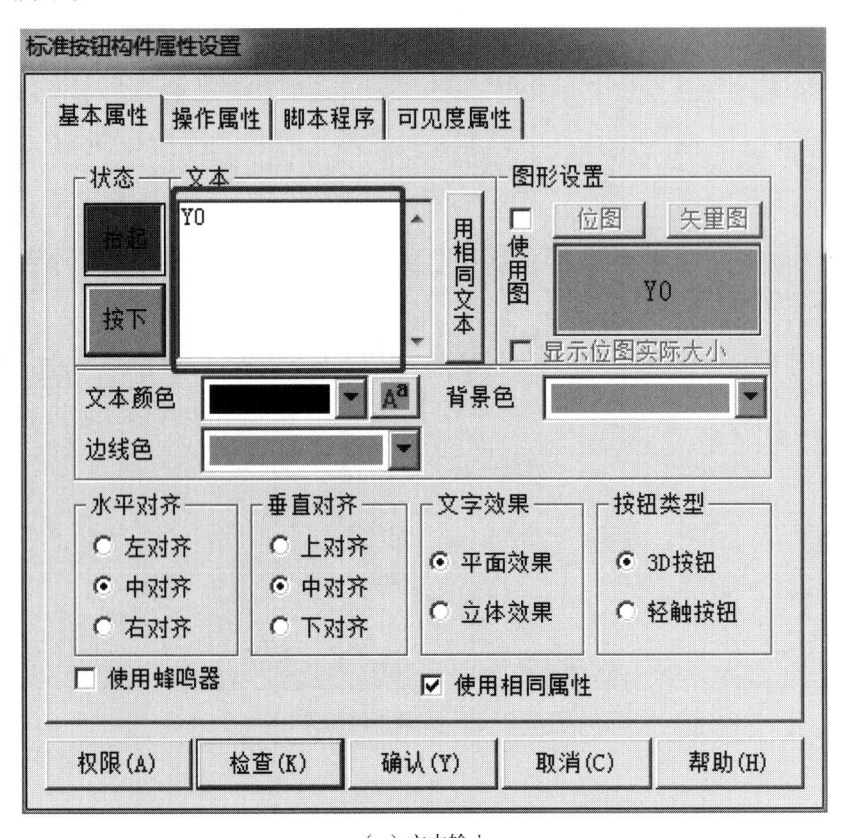

(a)文本输入

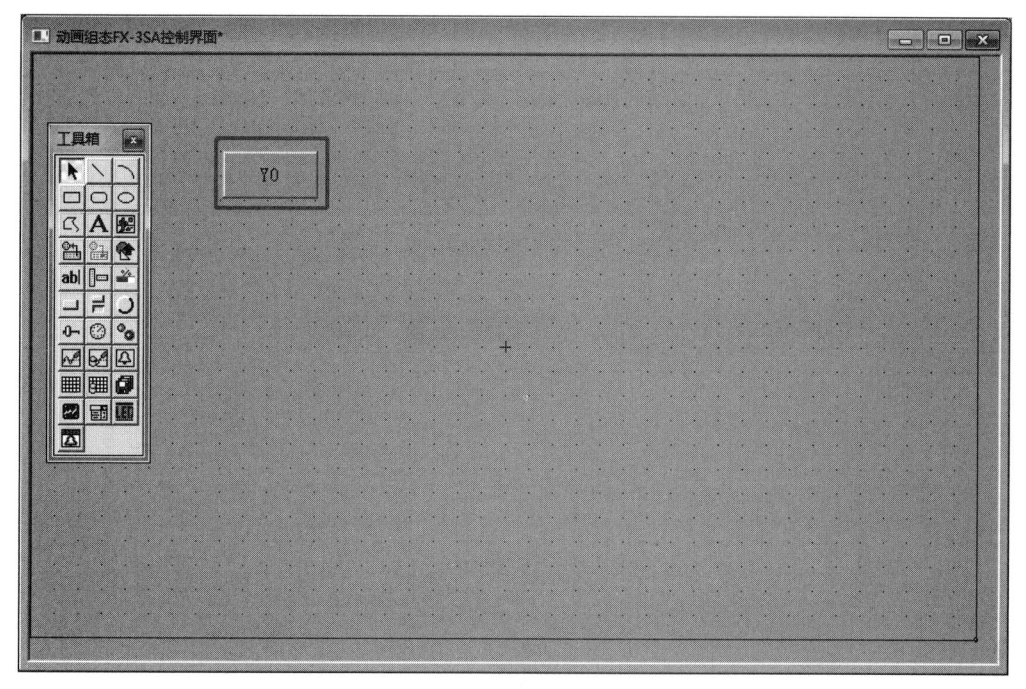

项目4 气动机械手人机界面设计调试

（b）按钮

图 4-2-19 将"文本"修改为"Y0"

按照同样的操作绘制另一个按钮，并将"文本"修改为"Y1"，如图 4-2-20 所示。

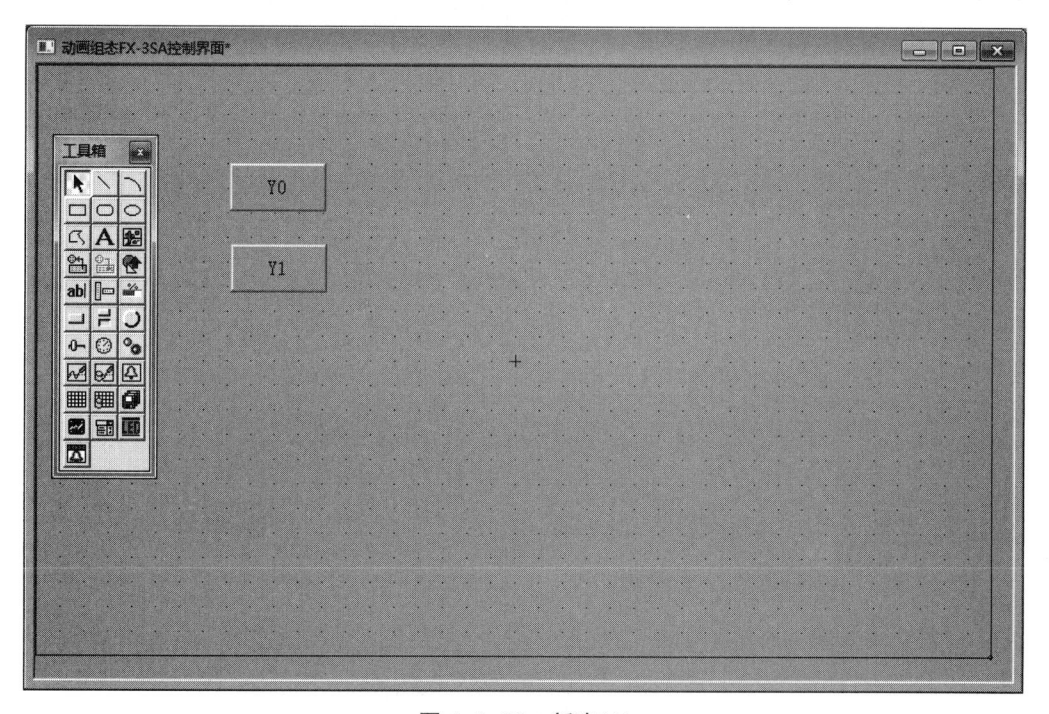

图 4-2-20 新建 Y1

2）点击"插入元件"按钮 ，在弹出的"对象元件库管理"窗口中，点击指示灯选项，选择合适的指示灯，如图 4-2-21 所示。

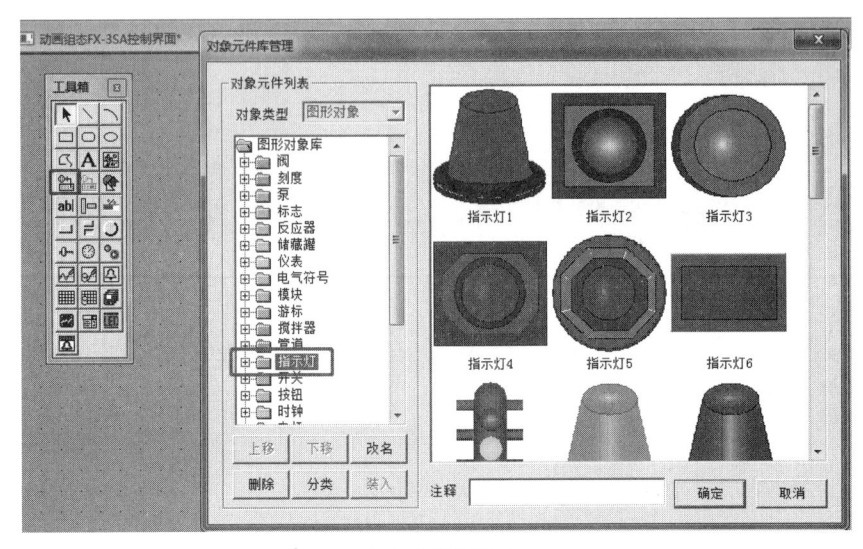

(a)选择指示灯

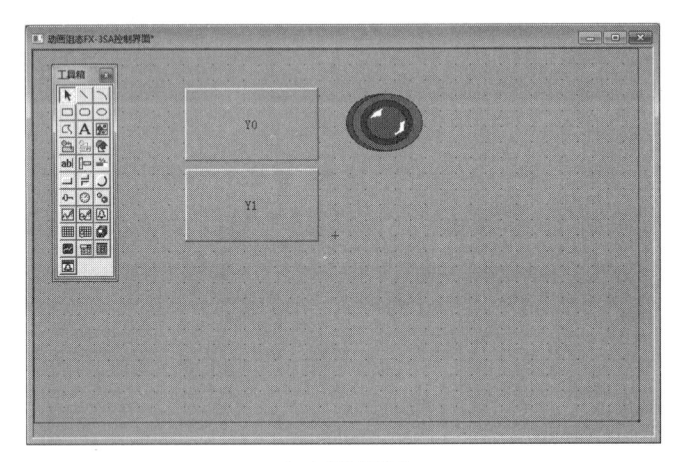

(b)显示界面

图 4-2-21 建立指示灯

按照同样的操作绘制另一个指示灯,如图 4-2-22 所示。

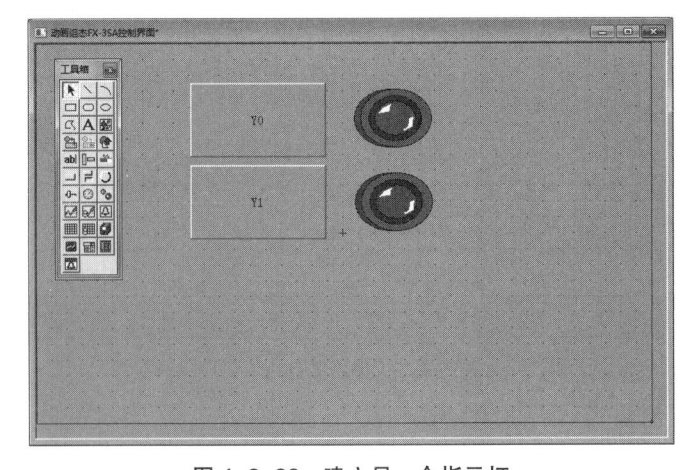

图 4-2-22 建立另一个指示灯

3）单击选中工具箱中的"标签"按钮 A，画出一个合适的标签，如图 4-2-23 所示。

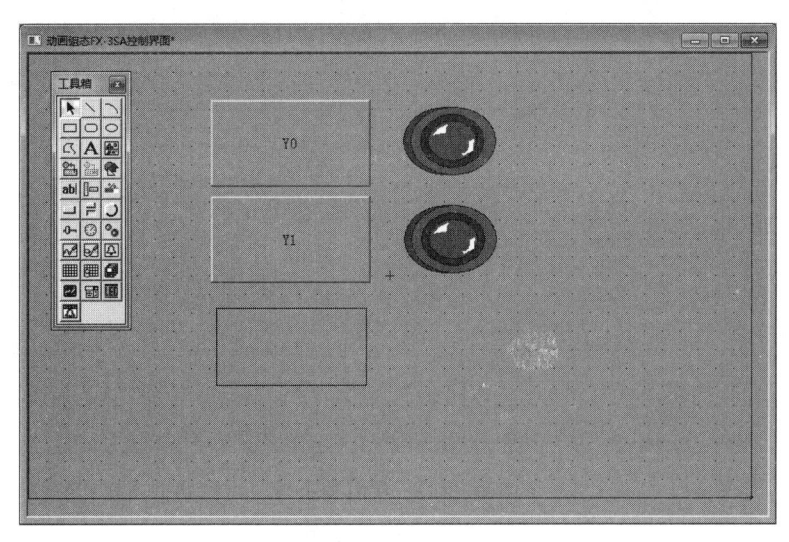

图 4-2-23 建立标签

然后双击该标签，弹出"标签动画组态属性设置"对话框，在"扩展属性"页中的"文本内容输入"中输入"D0"，点击"确认"，如图 4-2-24 所示。

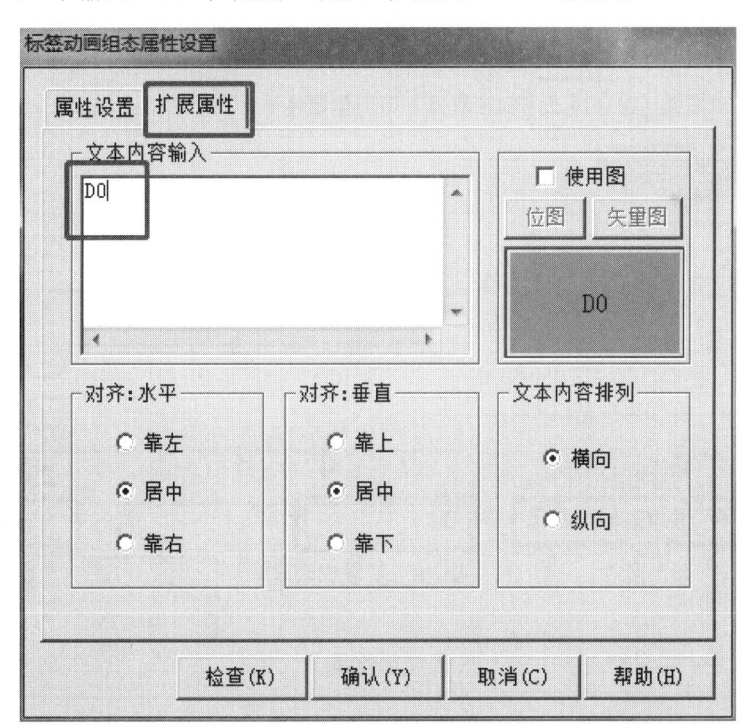

图 4-2-24 设置标签

4）单击工具箱中的"输入框"构件 ab，在窗口按住鼠标左键，画出一个合适的输入框，摆放在 D0 标签的旁边，如图 4-2-25 所示。

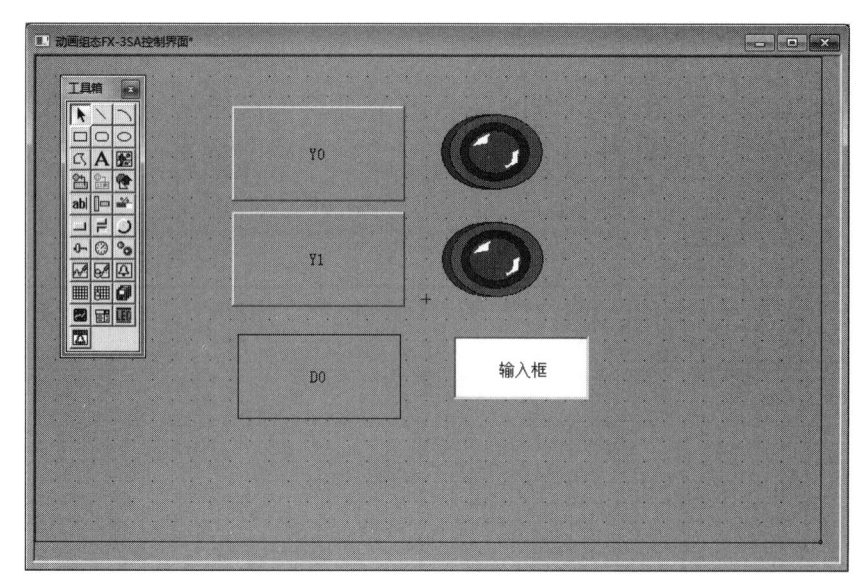

图 4-2-25 建立输入框

5）双击 Y0 按钮，弹出"标准按钮构件属性设置"对话框，在"操作属性"页，默认"抬起功能"按钮为按下状态，勾选"数据对象值操作"，选择"清 0"选项，然后点击按钮 ? ，如图 4-2-26 所示。

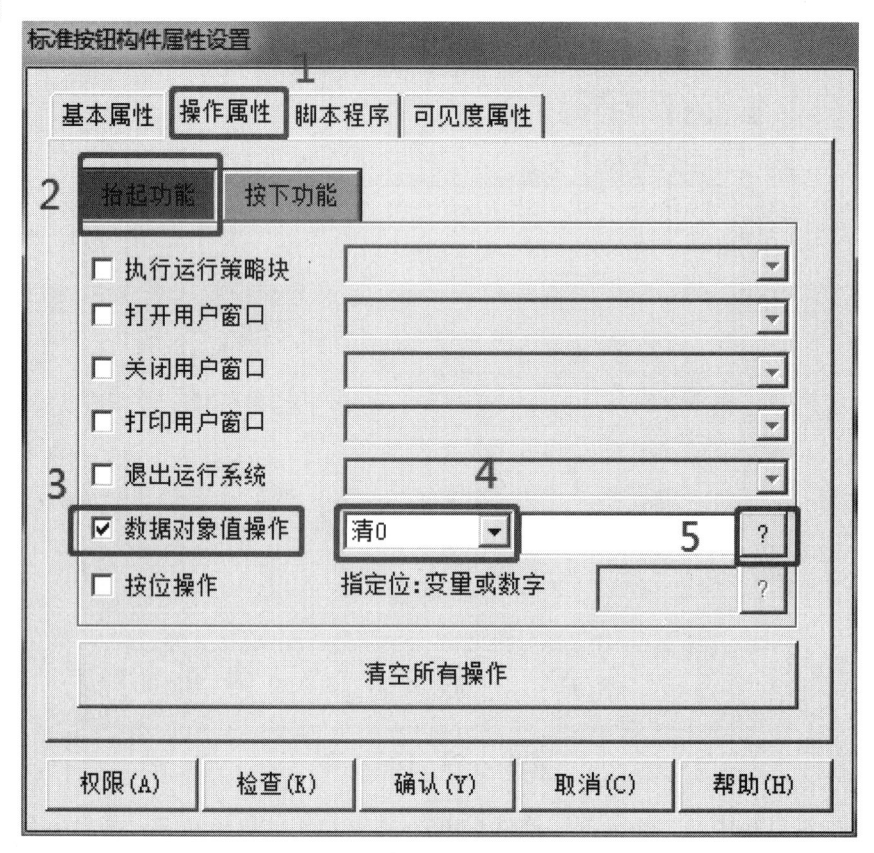

图 4-2-26 标准按钮构件属性设置

项目4　气动机械手人机界面设计调试

按下按钮 ? 后，在弹出的"变量选择"窗口中，点击"根据采集信息生产"按钮，在通道类型中选择"Y输出寄存器"，通道地址为"0"，读写类型选"读写"，点击"确认"完成设置，如图4-2-27所示。

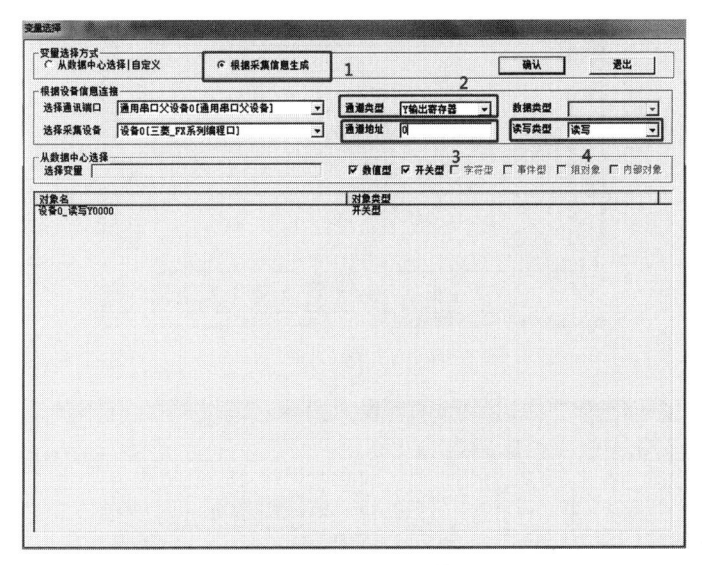

图4-2-27　变量选择

采用同样的方法对"按下功能进行设置"。

双击Y0按钮→选择操作属性→选择按下功能→勾选数据对象值操作→？置1→根据采集信号集成→通道类型为"Y输出寄存器"→通道地址为"0"→读写类型为"读写"，如图4-2-28所示。

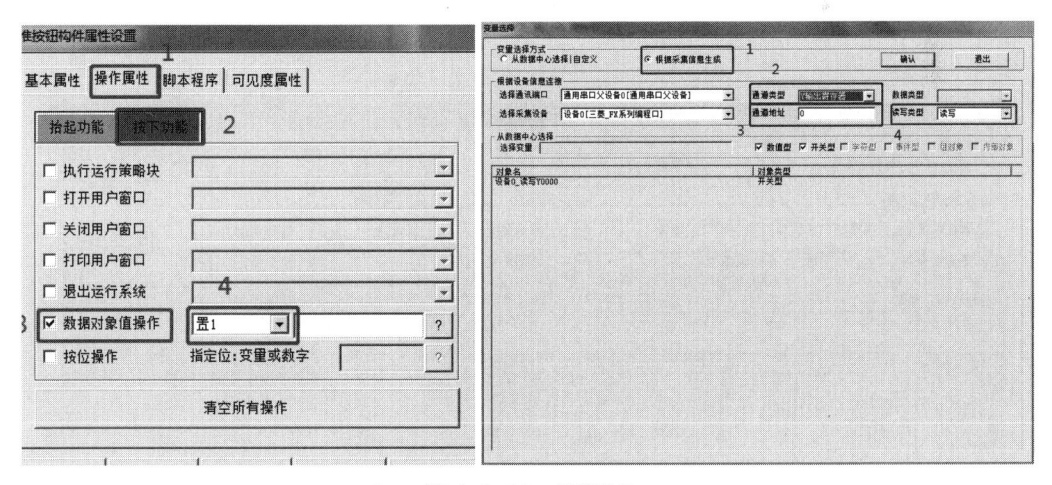

图4-2-28　设置Y0

依据同样的操作对"Y1"按钮进行设置，按下功能为"置1"，抬起功能为"清0"。

注：Y1设置时，通信地址为1，Y0的通信地址为0。

⑥双击Y0旁边的指示灯构件，弹出"单元属性设置"对话框，在"数据对象"页，点击 ? 选择数据对象"设备0_读写Y0000"，如图4-2-29所示。

143

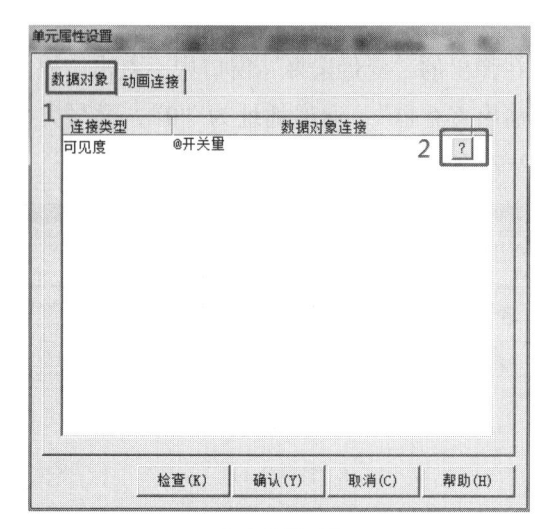

（a）关联对象

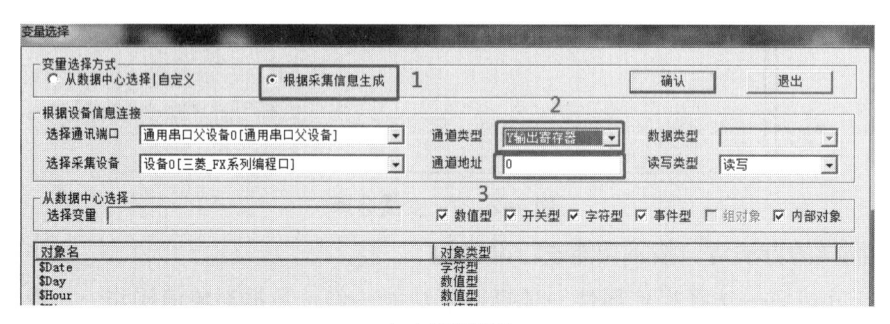

（b）通道设置

图 4-2-29　Y0 按钮的指示灯数据建立

同样的方法，将 Y1 按钮的指示灯，分别连接变量"设备 0_读写 Y0001"，如图 4-2-30 所示。

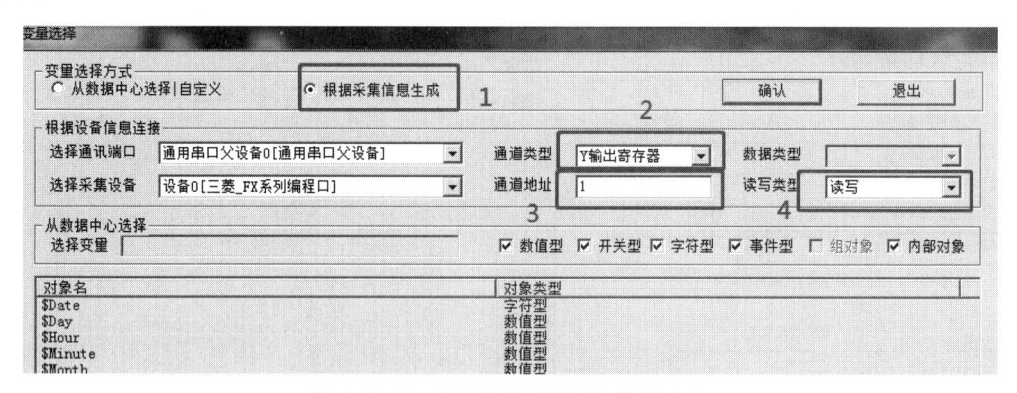

图 4-2-30　Y1 按钮的指示灯数据建立

⑦双击 D0 标签旁边的输入框构件，弹出"输入框构件属性设置"对话框，在"操作属性"页，点击 进入"变量选择"对话框，选择"根据采集信息生成"，通道类型选择"D 数据寄存器"，通道地址为"0"，数据类型选择"16 位无符号二进制"，读写类型选择"读写"，如图 4-2-31 所示，设置完成后点击"确认"。

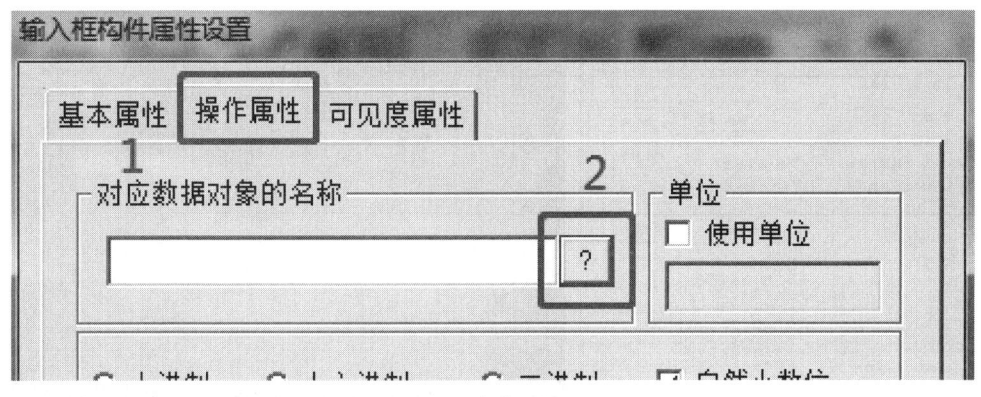

（a）操作属性

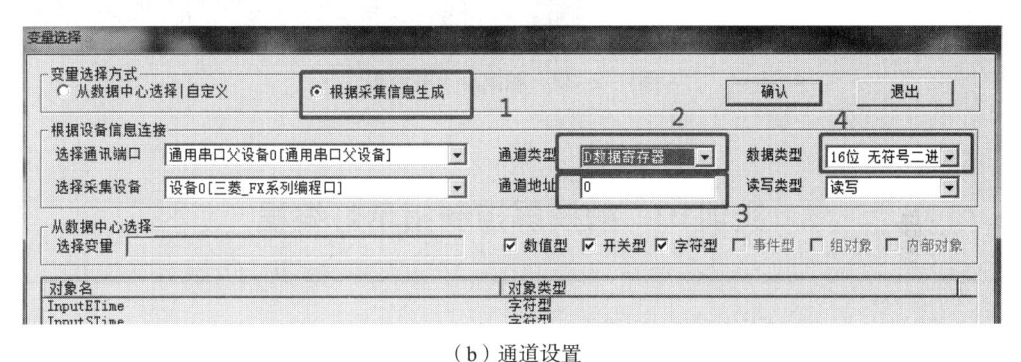

（b）通道设置

图 4-2-31 输入框数据建立

4. 触摸屏程序下载

点击"工具"菜单栏中的"下载配置"后，在弹出窗口中选择"连机运行"按钮，连接方式选择"USB 通讯"，点击"工程下载"，如图 4-2-32 所示。

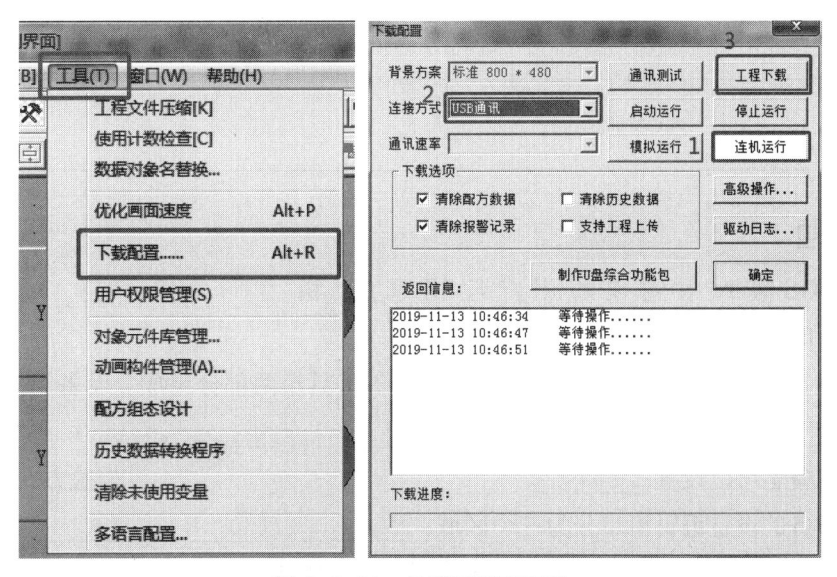

图 4-2-32 触摸屏程序下载

工程下载成功后，运行打开触摸屏，如图 4-2-33 所示。

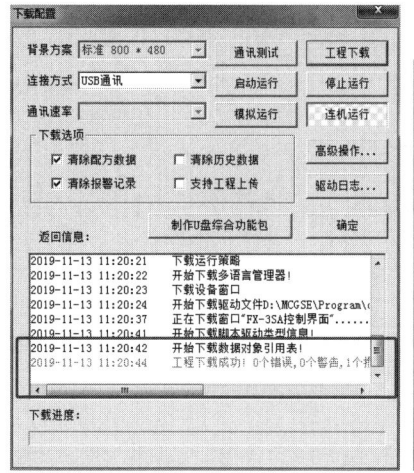

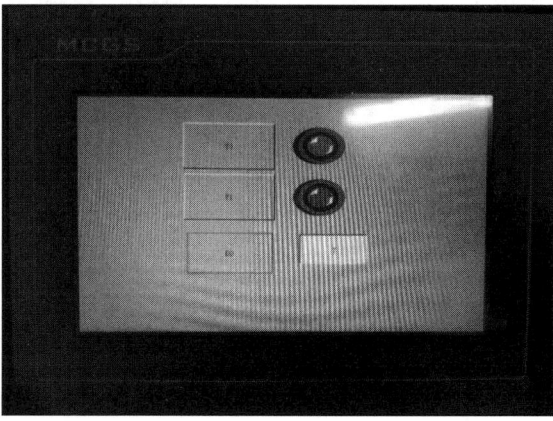

图 4-2-33 触摸屏下载结果

实训10　触摸屏控制指示灯编程

实训名称	触摸屏控制指示灯编程
实训内容	对触摸屏进行简单编程并操作运行
实训目标	1. 掌握触摸屏软件的编程； 2. 掌握触摸屏软件的界面设计
实训课时	2课时
实训地点	PLC实训室

练习题

1. MCGS嵌入版生成的用户应用系统，由_____、_____、_____、_____和运行策略五个部分构成。

2. 设备窗口编辑界面有设备组态画面和设备工具箱两部分组成。设备组态画面用于_____。设备工具箱里是_____。

3. 父设备里可以设置_____、_____、_____、_____校验方式。

4. 子设备的设备编辑窗口分为三个区域：_____、_____、_____。

5. 窗口编辑界面的主要部分是工具箱和窗口编辑区域。工具箱有_____；窗口编辑区域用于_____。

任务完成报告

姓名		学习日期		
任务名称	触摸屏编程			
学习自评	考核内容		完成情况	
	1. 掌握触摸屏软件的基本操作		□好 □良好 □一般 □差	
	2. 掌握触摸屏的编程		□好 □良好 □一般 □差	
	3. 掌握触摸屏基本界面设计		□好 □良好 □一般 □差	
学习心得				

任务 3　PLC 与触摸屏通信

触摸屏作为一种人机界面，需要与控制器连接，通过控制器来控制相关设备的运行，同样，控制器接收相关设备的运行信息，发送给触摸屏显示。由此，可以看出触摸屏需要与控制器（本课程为 PLC）建立通信，实现信息的交互。本任务的主要目标是完成触摸屏与 PLC 之间的通信应用。本任务涉及的内容有 PLC 与触摸屏的常用通信介绍，PLC 与触摸屏的通信设置方法等。

知识目标

1. 掌握触摸屏与 PLC 的通信；
2. 掌握触摸屏控制 PLC。

能力目标

1. 能够使用触摸屏对 PLC 控制；
2. 能够完成 PLC 与触摸屏的通信设置。

学习内容

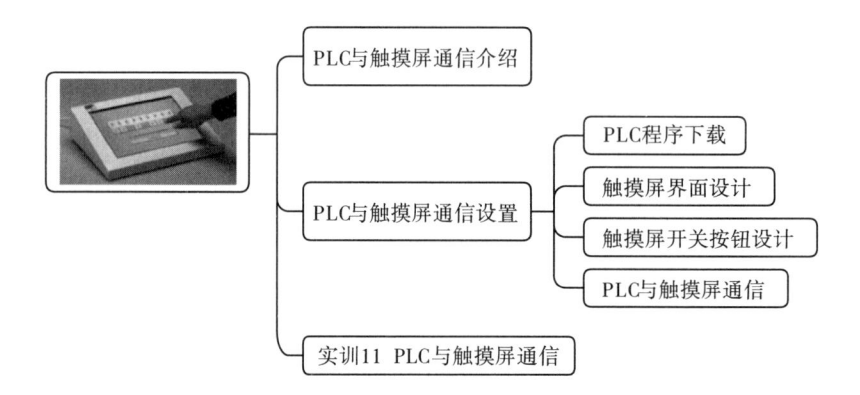

- PLC与触摸屏通信介绍
- PLC与触摸屏通信设置
  - PLC程序下载
  - 触摸屏界面设计
  - 触摸屏开关按钮设计
  - PLC与触摸屏通信
- 实训11 PLC与触摸屏通信

一、PLC 与触摸屏通信介绍

PLC 是专为工业控制而设计的，其基本结构和典型的计算机结构相同，具有结构紧凑、稳定可靠、操作维护方便等优点。目前，越来越多工业控制设备采用 PLC 作为控制核心，使工业自动化水平不断提高。

工业触摸屏又称为人机界面（HMI），是一种用于代替传统控制按钮和指示灯的触摸式智能化操作显示终端。不同厂家生产的触摸屏应用各自的组态软件，通过组态软件编程，触摸屏可以用来设置控制参数、显示系统或设备的实时信息数据、以曲线或形象化的方式反映工业控制过程。触摸屏与 PC 的组合应用在工业自动化设备的设计中已经成为一种常用配置方式。

二、PLC与触摸屏通信设置

1.PLC 程序下载

在工业控制应用中，PLC 通常是对单一程序进行控制，由于工业流水线生产需要较高的稳定性，设备按钮的分布较为分散，操作起来不方便，所以使用触摸屏，将设备开关集中到屏幕上，由触摸屏统一控制，提高工业生产效率。

建立 PLC 与触摸屏的通信时，首先将所控制的程序下载到 PLC 中。下面以 3 个指示灯顺序启动为例，对 PLC 与触摸屏的通信设置进行讲解。

程序要求：

① 三个指示灯顺序启动，1 号指示灯未启动时，2 号及 3 号指示灯无法启动。

② 2 号指示灯未启动时，3 号指示灯无法启动。

③ 停止时，先停 3 号指示灯，3 号指示灯未熄灭时，1 号和 2 号指示灯不能熄灭。

④ 2 号指示灯未熄灭时，1 号指示灯不能熄灭。

打开 Works2，新建工程，对两台电机顺启逆停程序进行编写，如图 4-3-1 所示。

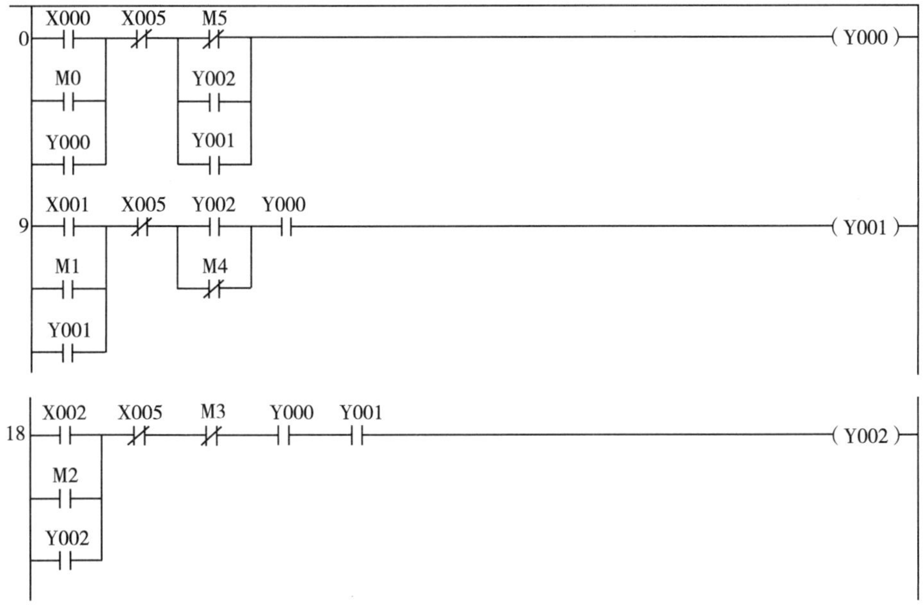

图 4-3-1 两台电机顺启逆停程序

注：输入 X 的状态只能由外部开关决定，程序内部无法改变。

在使用触摸屏时，使用辅助继电器 M 完成输入。

同时要预留输入 X 的控制，在触摸屏发生故障后，能通过外部开关对程序进行控制。

程序编写完成，进行转换编译，将程序下载到 PLC 中，如图 4-3-2 所示。

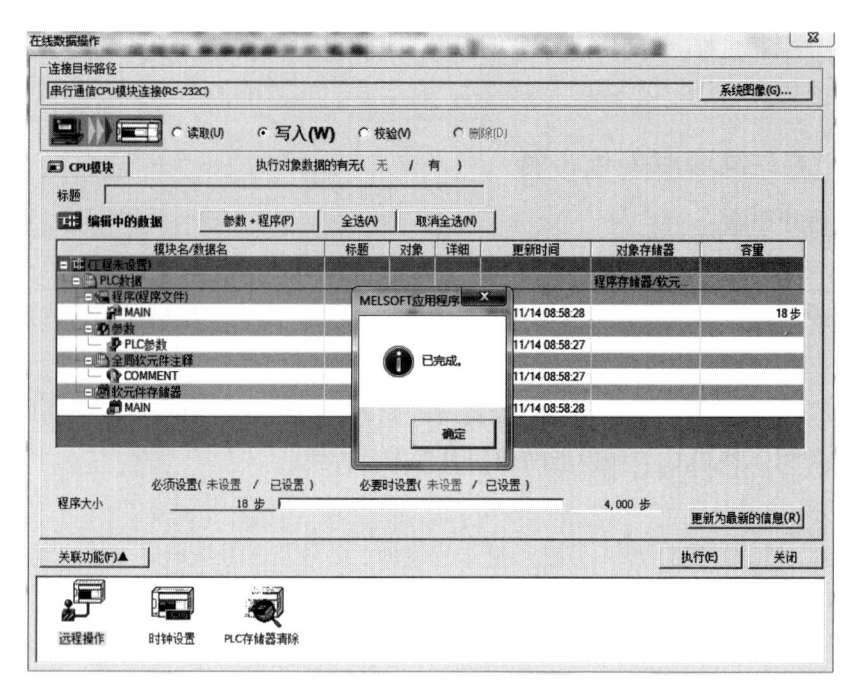

图 4-3-2　PLC 程序下载

2. 触摸屏界面设计

（1）用户至上原则

在系统的设计过程中，设计人员要抓住用户的特征，发现用户的需求。在系统整个开发过程中要不断征求用户的意见，向用户咨询。系统的设计决策要结合用户的工作和应用环境，必须理解用户对系统的要求。最好的方法就是让真实的用户参与开发，这样开发人员就能正确地了解用户的需求和目标，系统就会更加成功。

（2）重要性原则

按照管理对象在控制系统中的重要性和全局性水平，设计人机界面的主次菜单和对话窗口的位置和突显性，从而有助于管理人员把握好控制系统的主次，实施好控制决策的顺序，实现最优调度和管理。

（3）对象性原则

按照操作人员的身份特征和工作性质，设计与之相适应和友好的人机界面。根据其工作需要，宜以弹出式窗口显示提示、引导和帮助信息，从而提高用户的交互水平和效率。

（4）人机交互原则

无论是面向现场控制器还是面向上位监控管理，都是有密切内在联系的，它们监控和管理的现场设备对象是相同的，因此许多现场设备参数在它们之间是共享和相互传递的。人机界面的标准化设计应是未来的发展方向，因为它确实体现了易懂、简单、实用的基本原则，充分表达了以人为本的设计理念。各种工控组态软件和编程工具为制作精美的人机交互界面提供了强大的支持手段，系统越大、越复杂，越能体现其优越性。

3. 触摸屏开关按钮设计

对触摸屏的界面进行设计前，首先确定输入输出，如表 4-3-1 所示。根据输入、输出确定触摸屏所需要的按钮及指示灯数量，在触摸屏编程软件中新建工程，工程名称为"两个指示灯顺启逆停"，然后对触摸屏界面及按钮、指示灯进行设计，如图 4-3-3 所示。

表 4-3-1 输入、输出表

输入	输入名称	输出	输出名称
M0	1号指示灯启动	Y0	1号指示灯
M1	2号指示灯启动	Y1	2号指示灯
M2	3号指示灯启动	Y2	3号指示灯
M3	3号指示灯熄灭		
M4	2号指示灯熄灭		
M5	1号指示灯熄灭		

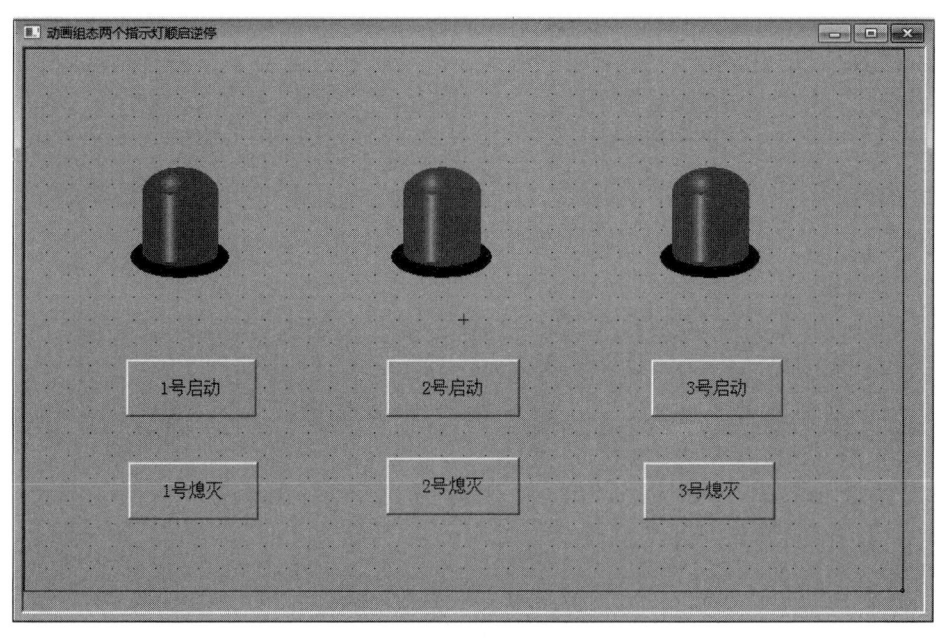

图 4-3-3 触摸屏界面

4. PLC 与触摸屏通信

将触摸屏程序下载到触摸屏上，如图 4-3-4 所示。然后即可与 PLC 完成通信。

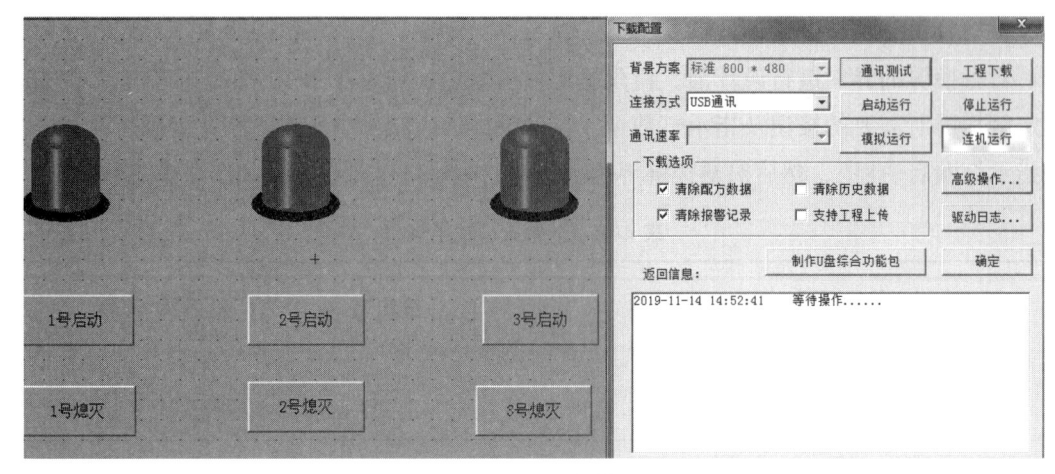

图 4-3-4　PLC 与触摸屏通信

实训11　PLC与触摸屏通信

实训名称	PLC 与触摸屏通信
实训内容	触摸屏与 PLC 通信并完成简单程序控制
实训目标	1. 回顾 PLC 程序的编程与下载； 2. 掌握触摸屏软件的界面设计与按钮设置
实训课时	2 课时
实训地点	PLC 实训室

练习题

1. 填空题

触摸屏界面设计原则为 _____、_____、_____、_____。

2. 简答题

如何组态一个按钮？

任务完成报告

姓名		学习日期	
任务名称	PLC 与触摸屏通信		
学习自评	考核内容	完成情况	
	1. 掌握触摸屏与 PLC 的通信	□好 □良好 □一般 □差	
	2. 掌握触摸屏控制 PLC	□好 □良好 □一般 □差	
学习心得			

任务4　PLC控制气动机械手配盘

实训12　PLC气动机械手抓取物料系统安装调试

实训名称	PLC控制气动机械手机械系统的安装调试
实训内容	对气动机械手装置进行组装；根据气动工作回路图纸进行气动机械手装置气动元件的安装、连接；熟悉螺纹连接以及使用的工具，对气动机械手装置进行调试
实训目标	1. 掌握气动机械手装置的工作原理； 2. 熟悉装配过程工艺； 3. 看懂气动控制回路图纸
实训课时	10课时
实训地点	PLC实训室

实训名称	PLC控制气动机械手电气部分安装调试
实训内容	根据PLC控制气动手抓取物料机构的电气安装布置图及原理图，按照电气安装接线规范进行接线，并对触摸屏进行画面编辑、设计、调试，实现PLC对气动手抓取物料机构的控制
实训目标	1. 能够识读PLC气动手抓取物料机构的电气布局图、电气原理图； 2. 能够规范使用常用的电工工具； 3. 能够按照规范、流程完成PLC气动手抓取物料机构的安装接线； 4. 能够完成PLC及触摸屏的编程及调试
实训课时	10课时
实训地点	PLC实训室

任务完成报告

姓名		学习日期		
任务名称	PLC 气动机械手抓取物料系统安装调试			
学习自评	**考核内容**		**完成情况**	
	1. 看懂 PLC 控制系统的图纸		□好　□良好　□一般　□差	
	2. 掌握 PLC 控制系统的安装调试		□好　□良好　□一般　□差	
学习心得				

项目 5 物料提升系统设计实施

本项目主要目标是完成物料提升系统的安装调试,并熟悉其的基本组成构件和工作原理。本项目分为 2 个任务:

任务 1 物料提升机构机械安装调试

物料提升机构分为进料部分、提升部分、仓储部分和气动控制部分,另外需安装电气部分的触摸屏和开关按钮盒。进料部分包括料筒、料筒座、检测开关支架、气缸组件等部分。提升部分包括提升气缸组件、推料气缸组件、固定支架、物料座、检测开关支架等部分。

任务 2 物料提升机构电气安装调试

物料提升机构电气安装调试的步骤为:

步骤 1:电气布置图识图、原理图、接线图识读。

步骤 2:以小组为单位,领取调试工具。

步骤 3:根据电气布置图,将电气元件摆放到相应位置。

步骤 4:根据电气布置图截取导轨、线槽。

步骤 5:电气设备的固定安装。

步骤 6:打印线号。

步骤 7:接线。

步骤 8:线路检查。

步骤 9:PLC 程序编号。

步骤 10:触摸屏画面设计。

步骤 11:物料提升系统调试。

步骤 12:关闭所有电源开关,收起工具,调试完成,申请验收。

步骤 13:总结调试过程,编写电机正反转电路调试方案。

任务 1　物料提升机构机械安装调试

一、物料提升机构的组成和工作原理

物料提升机构分为进料部分、提升部分、仓储部分和气动控制部分，另外需安装电气部分的触摸屏和开关按钮盒，如图 5-1-1 所示。

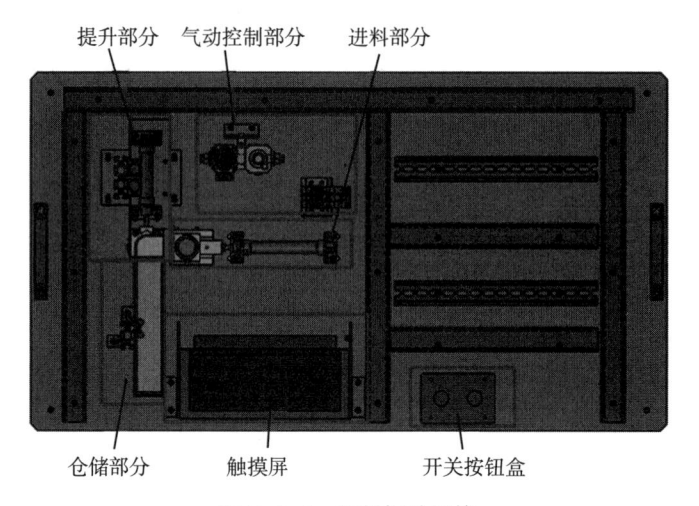

图 5-1-1　物料提升机构

进料部分包括料筒、料筒座、检测开关支架、气缸组件等部分，如图 5-1-2 所示。

图 5-1-2　进料部分

提升部分包括提升气缸组件、推料气缸组件、固定支架、物料座、检测开关支架等部分，如图 5-1-3 所示。

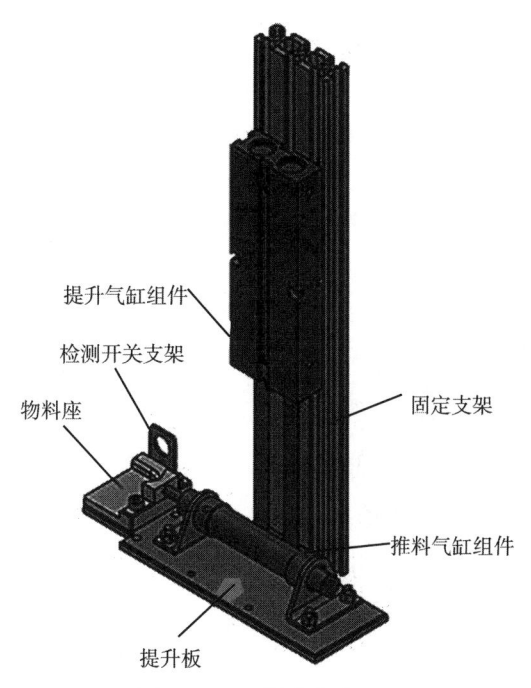

图 5-1-3　提升部分

仓储部分包括滑槽、支架、角件，如图 5-1-4 所示。

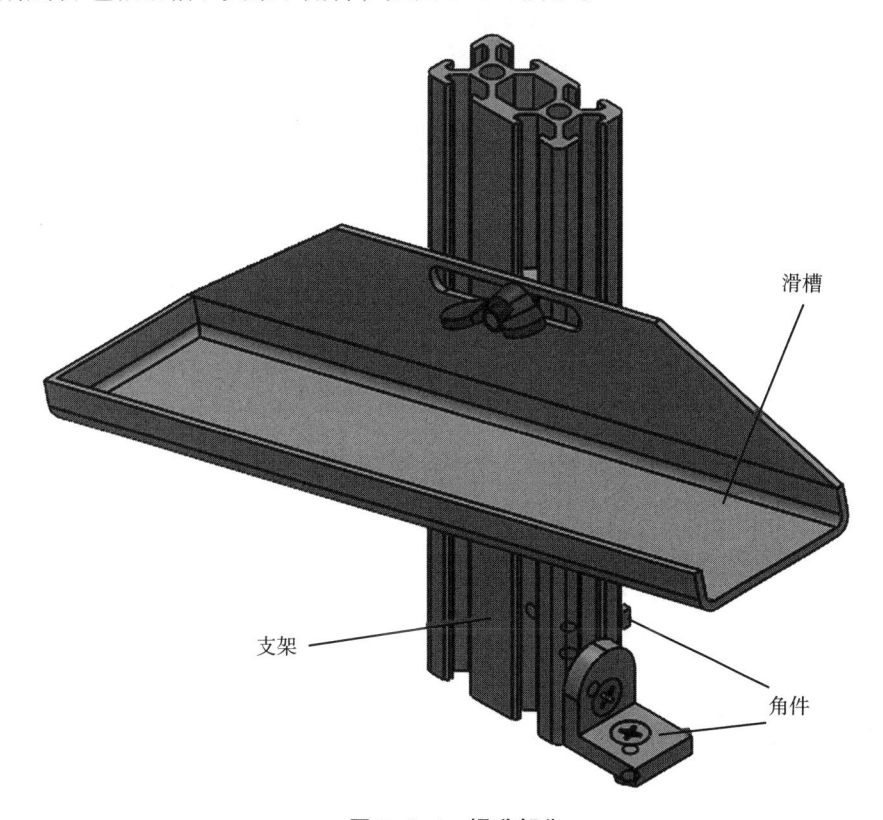

图 5-1-4　提升部分

气动控制部分由气源处理单元、电磁阀等组成，如图 5-1-5 所示。

气源处理单元

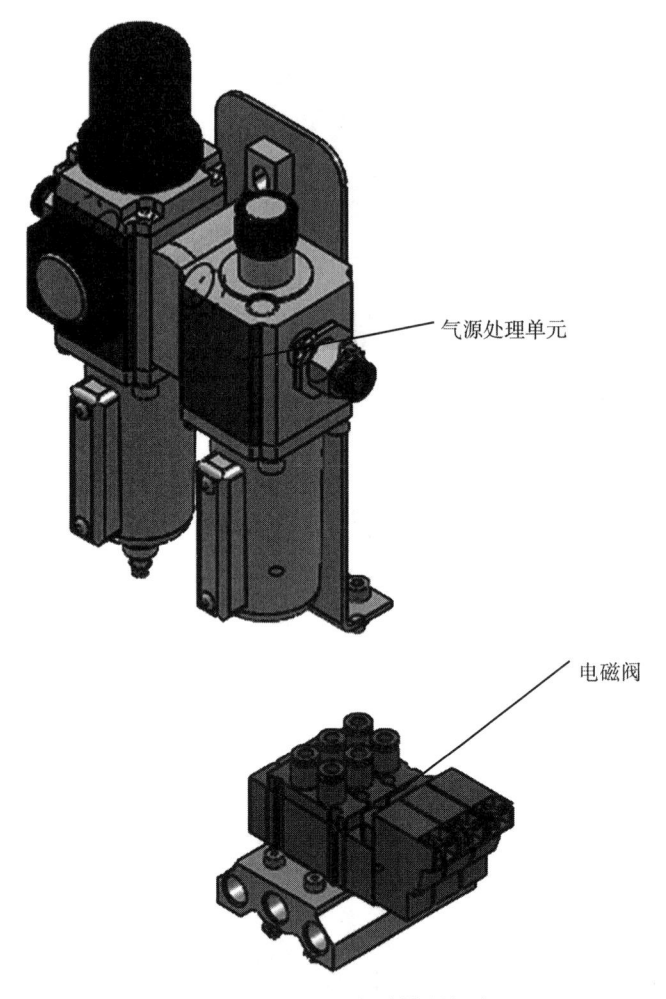

电磁阀

图 5-1-5　气动控制部分

物料提升机构的工作过程：物料放入料筒，检测开关检测到有料后，气缸组件得到信号，气缸推出，物料被推出，落在提升机构物料座上。物料座上的检测开关检测到有料后，提升气缸得到信号，提升气缸组件提升，提升气缸上的磁性开关检测到提升气缸到达最高点后，推料气缸得到信号，推料气缸推出，物料被推入仓储机构的滑槽，完成一次提升作业。

二、气动零部件的认识

在物料提升机构中，涉及气动控制部分。气体由气动泵产生，经过气源处理单元，然后接入各电磁阀，由电磁阀引出气管分别接到推料气缸（2个）、提升气缸，由电磁阀控制气体的进出，从而控制气缸的伸出与收缩。

气源处理单元由过滤阀和减压阀组成，如图 5-1-6 所示。其中，减压阀可对气源进行稳压，使气源处于恒定状态，减小因气源气压突变对阀门或执行器等硬件的损伤。过滤器用于对气源做清洁，可过滤压缩空气中的水分，避免水分随气体进入装置。

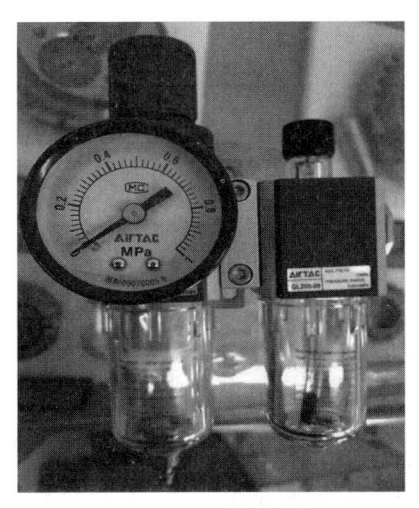

图 5-1-6 气源处理单元

对于气源处理单元的使用应该注意以下几点：

①安装前应吹尽管道内的灰尘、油污、碎屑等杂物颗粒，并防止密封材料碎片混入。

②进出口方向不得装反；垂直安装，水杯向下，为便于维修，四周应留出适当空间，过滤器的安装高度以能卸下滤杯为准。

图 5-1-7 为气源处理单元安装示意图。

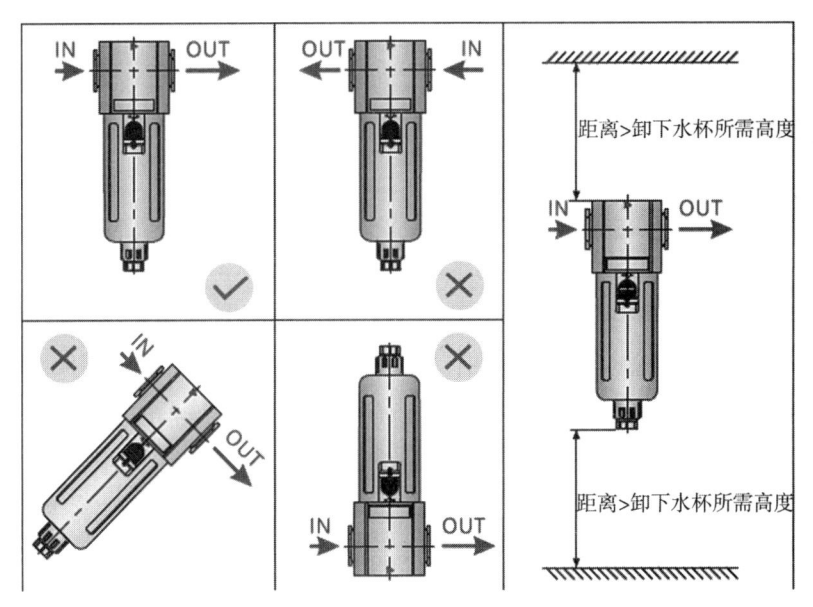

图 5-1-7 气源处理单元

③过滤器的安装位置应远离空压机，尽量安装在各气动元件附近，因从空压机出来的高温压缩空气中的水和油呈气体状态，不仅影响过滤效果，而且易损伤密封件。

④水杯内的水应定期排出，一旦超出挡水板，被过滤出来的污水会重新带入下游的压缩空气，造成二次污染。

⑤为了保证过滤效果，滤芯要定期清洗或更换。

电磁阀组件，是由多个电磁阀组合起来的，每个电磁阀控制单独的气路。电磁阀通电时，电磁线圈产生电磁力把关闭件从阀座上提起，阀门打开；断电时，电磁力消失，弹簧把关闭件压在阀座上，阀门关闭。通过电磁阀的通断来控制气缸的伸出与收缩。电磁阀组件见图 5-1-8。

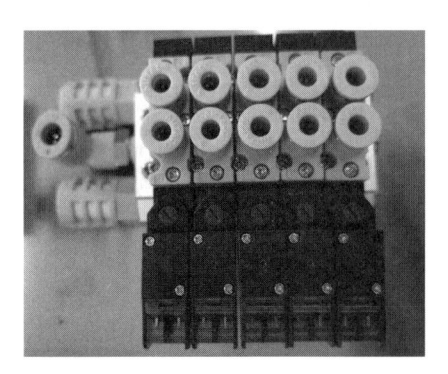

图 5-1-8 电磁阀组件

气缸组件由气缸、安装支架、节流阀组成，如图 5-1-9 所示。

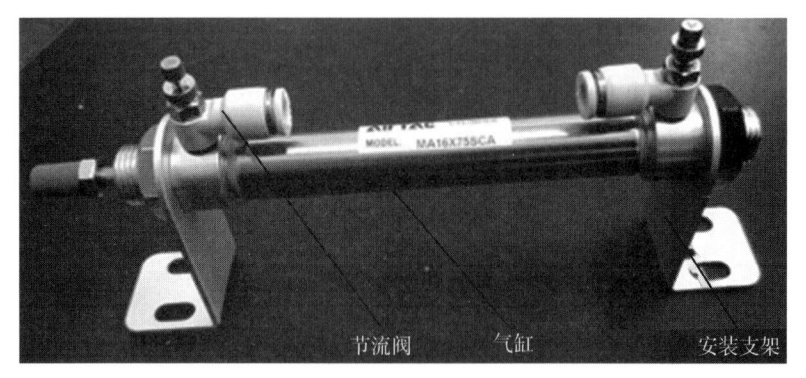

图 5-1-9 气缸组件

气缸是将压缩空气的压力转换为机械能，驱动机构做直线往复运动、摆动和旋转运动的执行元件。当从无杆腔输入压缩空气时，有杆腔排气，气缸两腔的压力差作用在活塞上所形成的力推动活塞运动，使活塞杆伸出；当有杆腔进气，无杆腔排气时，活塞杆缩回；若有杆腔和无杆腔交替进气和排气，活塞实现往复直线运动。气缸伸缩原理如图 5-1-10 所示。

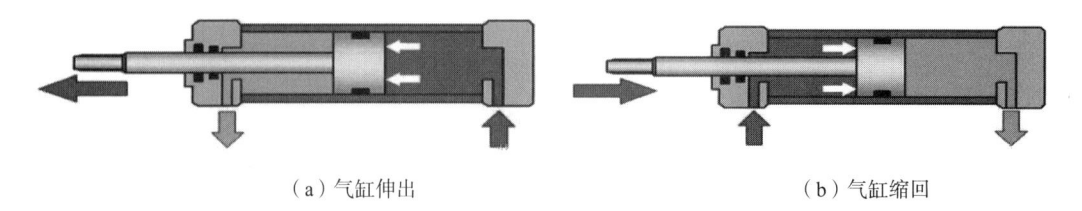

（a）气缸伸出　　　　　　　　　　（b）气缸缩回

图 5-1-10 气缸伸缩原理

气缸的进出口安装有节流阀，可以控制进出气缸进出气体流量的大小。在气缸调试时，节流阀应从全闭状态下逐渐打开，从低速慢慢地将气缸的驱动速度调整到所需要的速度。

三、安装与调试

1. 实训内容

对物料提升机构进行组装；物料提升机构气动元件的安装、连接；熟悉螺纹连接以及使用的工具；对物料提升机构进行调试。

2. 实训目标

①掌握物料提升机构的工作原理；
②熟悉装配过程工艺。

3. 实训场所

机电实训室。

4. 实训课时

12 课时。

5. 实训设备

实训地点	设备名称	数量/套	每组人数
机电实训室	PLC 物料提升机构的相关零件（详见表 5-1-1） PLC 物料提升机构装配图纸（见附件）	15	2 人

表 5-1-1 物料提升机构单套零件明细

序号	图号	名称	数量（个）/长度	备注
1	SYTS-101	底板	1	
2	SYTS-102	垫块	6	
3	SYTS-103	提升底板	1	
4	SYTS-104	提升板	1	
5	SYTS-105	物料座	1	
6	SYTS-106	小推块	1	
7	SYTS-107	滑槽	1	
8	SYTS-108	过滤减压阀支架	1	
9	SYTS-109	料座下	1	
10	SYTS-110	料座上	1	
11	SYTS-111	料筒	1	
12	SYTS-112	气缸支架	2	
13	SYTS-113	大推块	1	
14	SYTS-114	开关支架	2	

续表

序号	图号	名称	数量（个）/长度	备注
15	SYTS-115	料块	4	
16	SYTS-116	屏幕支架	1	
17	MA16×25	迷你气缸	1	
18	MA16×60	迷你气缸	1	
19	DMSG-P020	磁性开关	4	
20	F-MQS16	磁性开关安装支架	4	
21	MAL-LB16	迷你气缸安装支脚架	2	
22	7V0510J04B050+7V0500M3F	电磁阀（3个阀+3连座，配消声器、堵头等组装完成）	1	
23	GFC200-08	二联件	1	
24	PU4×2.5	气管	3m	
25	PU6×4	气管	3m	
26	DMSJ-P020	磁性开关	2	
27	TN16×100-S	双轴气缸	1	
28	2020	转向角件（任意角度）	2	
29	SL4-M5	节流阀	6	
30	PC6-02	快速接头	3	
31	沙光120孔距	把手	2	
32	M5	蝴蝶螺母	2	
33	M4	T型螺母（欧标20）	4	
34	M5×12	T型螺栓（欧标20）	2	
35	4020-150	铝型材	1	
36	6020-350	铝型材（一端加工3-M6×20螺纹孔）	1	
37	GB/T 70.1:M3×6	内六角圆柱头螺钉	5	
38	GB/T 70.1:M3×25	内六角圆柱头螺钉	4	
39	GB/T 70.1:M4×12	内六角圆柱头螺钉	39	
40	GB/T 70.1:M4×20	内六角圆柱头螺钉	2	
41	GB/T 70.1:M4×30	内六角圆柱头螺钉	2	
42	GB/T 70.1:M5×25	内六角圆柱头螺钉	2	
43	GB/T 70.1:M5×14	内六角圆柱头螺钉	8	
44	GB/T 70.3:M4×10	内六角沉头螺钉	4	

续表

序号	图号	名称	数量（个）/长度	备注
45	GB/T 70.3:M6×12	内六角沉头螺钉	3	
46	GB/T 6170:M3	六角螺母	4	
47	GB/T 6170:M4	六角螺母	35	
48	GB/T 6170:M5	六角螺母	10	
49	GB/T 70.1:M8×16	内六角圆柱头螺钉	4	
50	GB/T 6177.1:M8	六角法兰面螺母	4	

6. 实训耗材

耗材名称	数量/组	每组人数

7. 实训步骤

步骤1：了解物料提升机构的工作原理，并根据实训设备中零件明细领用物料提升机构的零件，并由老师检查零件数量是否符合零件明细表。

符合	不符合

步骤2：领取PLC物料提升机构中需要使用的工具。

序号	工具名称	数量及单位	备注
1	内六角扳手	1套	
2	十字螺丝刀	1把	
3	一字螺丝刀	1把	
4	活口扳手	1把	
5	剪刀	1把	

步骤3：在领取的零部件中，找到SYTS101安装底板1件、SYTS102垫块6件、GB/T 70.1:M4×12内六角圆柱头螺钉6件，并使用内六角扳手1把。按图5-1-11把垫块安装到底板上，共6件。

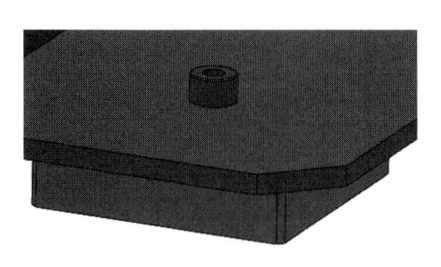

(a) 垫板安装图　　　　　　　　　　　（b) 垫板安装在底板上布局图

图 5-1-11　垫板安装位置分布

安装垫板之后，记录一下安装步骤

步骤 4：在领取的零部件中，找到沙光 120 孔距把手 2 件、GB/T 70.1:M6×16 内六角圆柱头螺钉 4 件、GB/T 6177.1:M6 六角法兰面螺母 4 件，并使用内六角扳手一把。按图 5-1-12 把把手安装到底板上，共 2 件。

图 5-1-12　把手安装

安装把手之后，记录一下安装步骤

步骤5：在领取的零部件中，找到SYTS-109料座下1件、SYTS-110料座上1件、SYTS-111料筒1件、SYTS-114开关支架1件、GB/T 70.1:M3×6内六角圆柱头螺钉4件、M5螺母2件、GB/T 70.1 M5×14内六角圆柱头螺钉2件，使用内六角扳手将料筒座安装在底板上，并安装储料桶上部，螺栓固定，安装开关支架，如图5-1-13所示。

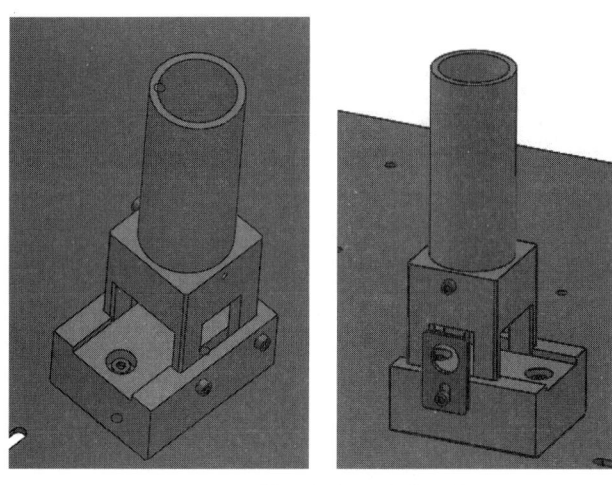

图 5-1-13　储料桶部分安装示意图

步骤6：在领取的零部件中，找到SYTS-112气缸支架2件、SYTS-113大推块1件、MA16×60迷你气缸1件、GB/T 70.1:M5×14内六角圆柱头螺钉4件、GB/T 6170:M5六角螺母4件，使用内六角扳手将大推块安装到气缸上，并把气缸组件安装在底板上，如图5-1-14所示。

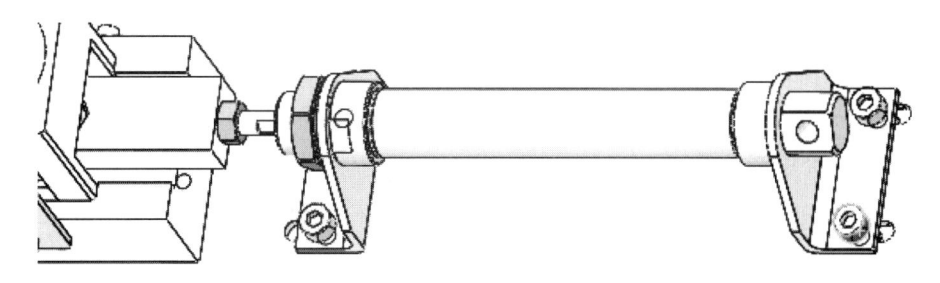

图 5-1-14　进料部分气缸组件安装示意图

安装进料部分之后，记录一下安装步骤

步骤7：在领取的零部件中，找到SYTS-104提升板1件、SYTS-105物料座1件、SYTS-106小推块1件、SYTS-114开关支架1件、GB/T 70.1:M3×6内六角圆柱头螺钉1件、GB/T 70.1:M5×25内六角圆柱头螺钉2件、GB/T 70.1:M5×14内六角圆柱头螺钉4件、GB/T 6170:M5六角螺母6件，并使用内六角扳手1把，将小推块安装到气缸上，并把气缸组件和物料座安装在提升板上，如图5-1-15所示。

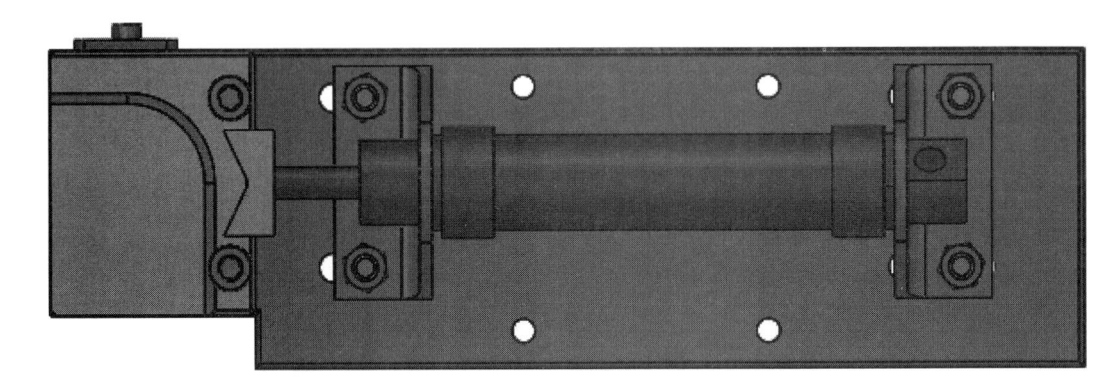

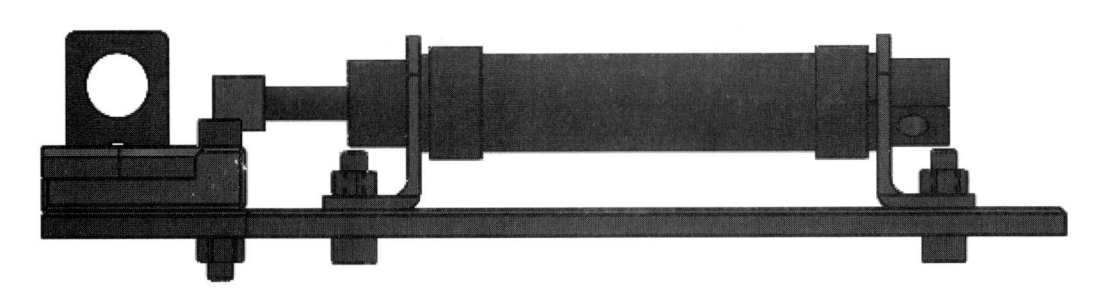

图5-1-15 提升部分推料气缸组件安装示意图

步骤8：在领取的零部件中，找到SYTS-103提升底板1件、6020-350铝型材1件、TN16×100-S双轴气缸1件、GB/T 70.1:M4×12内六角圆柱头螺钉6件、GB/T 70.1:M4×20内六角圆柱头螺钉2件、GB/T 6170:M4六角螺母4个、GB/T 70.3:M6×12内六角沉头螺钉3件、M4 T型螺母（欧标20）2件，并使用内六角扳手2把，完成提升部分安装。

①使用M4内六角把手把TN16×100-S双轴气缸安装到步骤7完成的推料气缸组件

上，标准件为 GB/T 70.1:M4×12 内六角圆柱头螺钉 2 件，如图 5-1-16 所示。

图 5-1-16　双轴气缸安装到推料气缸组件上

②使用 M4 内六角把手把 TN16×100-S 双轴气缸安装到 6020-350 铝型材上，标准件为 GB/T 70.1:M4×20 内六角圆柱头螺钉 2 件，配合 M4 T 型螺母（欧标 20）2 件，如图 5-1-17 所示，注意双轴气缸伸出状态气缸组件螺栓最下端与型材最下端基本平齐。

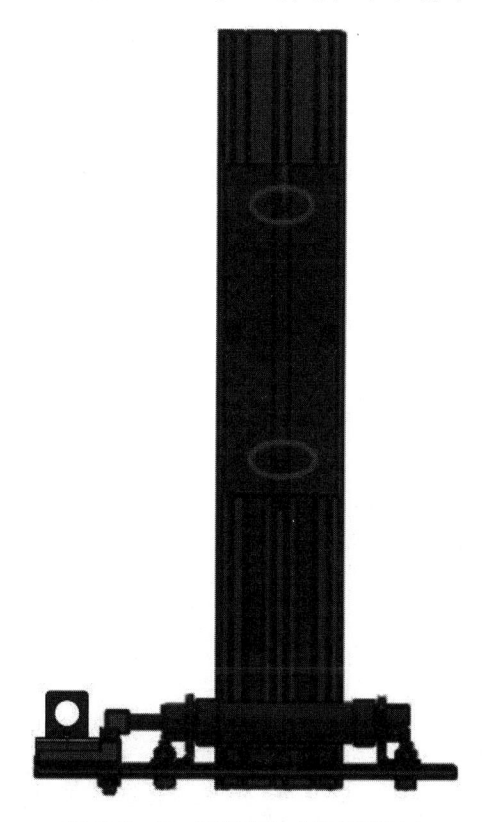

图 5-1-17　双轴气缸安装到型材上

③使用内六角把手把 SYTS-103 提升底板安装到 6020-350 铝型材上，标准件为 GB/T 70.3:M6×12 内六角沉头螺钉 3 件，如图 5-1-18 所示。

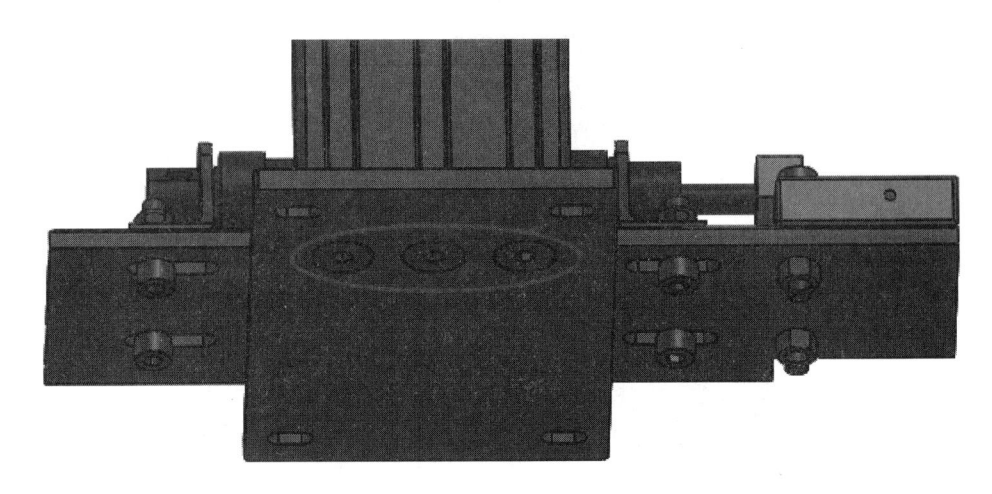

图 5-1-18 提升底板安装到铝型材上

④使用内六角把手把提升部分安装到底板上，标准件为 GB/T 70.1:M4×12 内六角圆柱头螺钉 4 件，配合 GB/T 6170:M4 六角螺母 4 件，至此，提升部分安装完成，如图 5-1-19 所示。

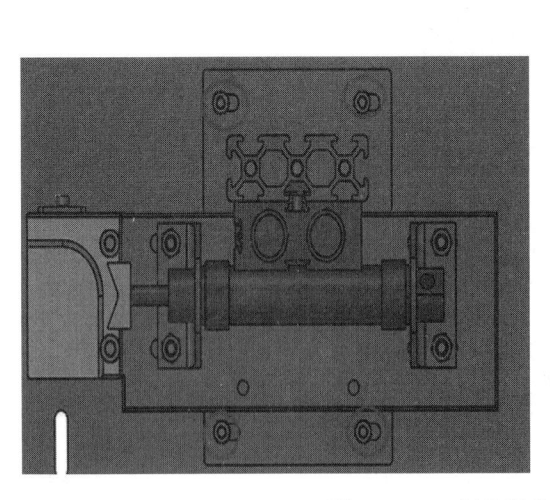

图 5-1-19 提升部分安装完成示意图

安装提升部分之后,记录一下安装步骤

步骤9:在领取的零部件中,找到4020-150铝合金型材1件、SYTS-107滑槽1件、2020转向角件2件、GB/T 70.3:M4×10内六角沉头螺钉2件、GB/T 70.3:M4×16内六角沉头螺钉2件、GB/T 6170:M4六角螺母2件、M5蝴蝶螺母1件、M4 T型螺母(欧标20)2件、M5×12 T型螺栓(欧标20)1件,把船型螺母塞到铝型材中,角件固定在铝型材上;把船型螺栓塞到铝型材中,用蝶形螺母把滑道固定在铝型材上,调整好滑道的高度,如图5-1-20所示。

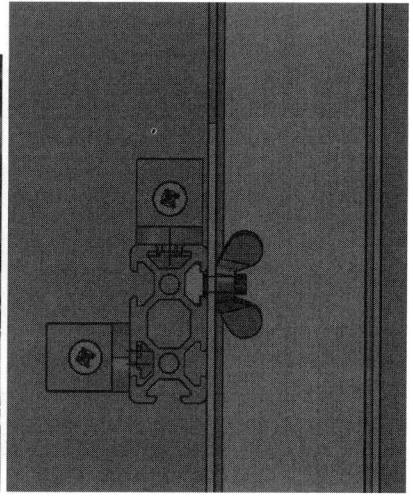

图 5-1-20 仓储部分安装示意图

安装仓储部分之后,记录一下安装步骤

步骤10：在领取的零部件中，找到SYTS-108过滤减压阀支架1件、7V0510J04B200+7V0500M5F电磁阀1件、GFC200-08二联件1件、GB/T70.1:M4×16内六角圆柱头螺钉2件、GB/T 70.1:M4×12内六角圆柱头螺钉2件、GB/T 6170:M4六角螺母4件、GB/T 823:M3×25（十字槽盘头螺钉）4件、GB/T 6170:M3六角螺母4件，把二联件固定在过滤减压阀支架上，支架固定在安装底板上，如图5-1-21（a）所示；把电磁阀组件固定在底板上，如图5-1-21（b）所示。

（a）二联件安装 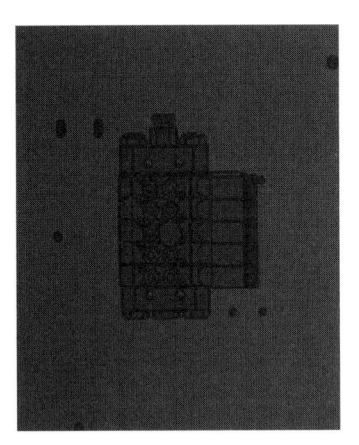　　　　　（b）电磁阀安装

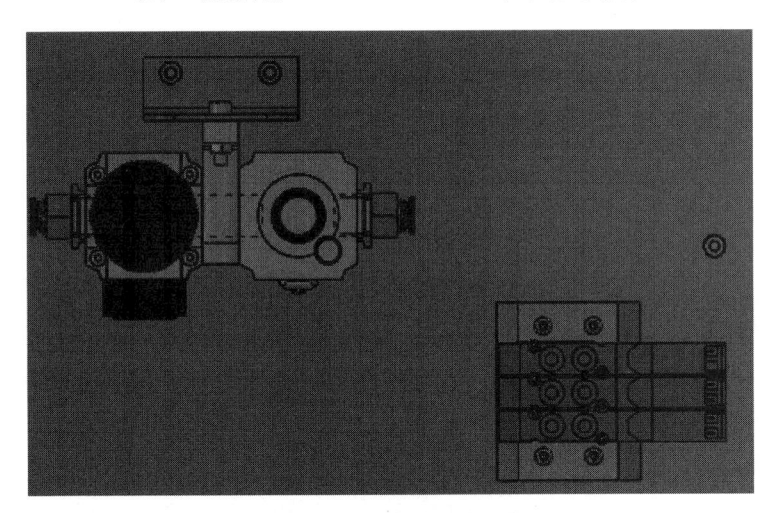

图 5-1-21　气动组件安装

安装气动组件之后，记录一下安装步骤

步骤11：在领取的零部件中，找到SYTS-116屏幕支架1件、触摸屏1件（含安装标准件）、GB/T 70.1:M4×12内六角圆柱头螺钉4件、GB/T 6170:M4六角螺母4件，把触摸屏固定在屏幕支架上，如图5-1-22（a）所示；把支架固定在安装底板上，如图5-1-22（b）所示。

（a）触摸屏安装在支架上　　　　　（b）支架站装到底板上

图5-1-22　触摸屏安装

安装触摸屏之后，记录一下安装步骤

步骤12：在领取的零部件中，找到2孔按钮盒1件、GB/T 70.1:M4×12内六角圆柱头螺钉4件、GB/T 6170:M4六角螺母4件。先拆开按钮盒，把按钮盒底座安装到底板上，如图5-1-23（a）所示；然后把按钮盒安装好，位置如图5-1-23（b）所示。

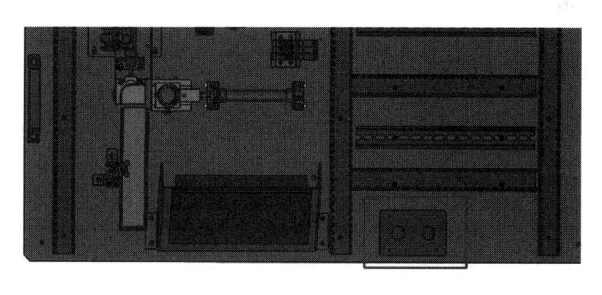

（a）按钮盒底座　　　　　　　　　（b）按钮盒位置

图5-1-23　按钮盒安装

安装按钮盒之后，记录一下安装步骤

步骤 13：PLC 提升机构各零件已经安装完毕，安装电气部分的元件，并对各电气元件进行接线，各机械气动元件安装气管。通过外接气源通气接到电磁阀，再通过电磁阀分到气缸。写入程序，对设备进行调试。

接线调试完成后，记录一下调试过程

8. 实训问答

①装配过程中使用了哪些工具？

②物料提升机构的工作原理是什么？

③装配过程中遇到了哪些问题？

④气动工作过程是怎么样的？

9. 项目验收

姓名		实施日期	
项目名称	物料提升机构机械安装调试		
项目验收	验收内容		完成情况
	物料提升机构机械安装		□完成 □未完成
	物料提升机构机械调试		□完成 □未完成
实训总结	学习过程		
	遇到问题		
	解决办法		
	心得体会		

任务完成报告

姓名		学习日期	
任务名称	物料提升机构机械安装调试		
学习自评	考核内容		完成情况
	1. 掌握物料提升机构的工作原理		□好 □良好 □一般 □差
	2. 熟悉装配过程工艺		□好 □良好 □一般 □差
学习心得			

任务 2　物料提升机构电气安装调试

1. 实训内容
根据物料提升系统的图纸进行安装、接线、程序编写、调试。

2. 实训目标
电气模块（PLC 部分）的知识技能整体考核。

3. 实训场所
PLC 实训室。

4. 实训课时
40 课时。

5. 实训设备

设备名称	数量/个	每组人数
数字万用表	1 个	
电工工具（一字大、小螺丝刀各 1 把、十字大、小螺丝刀各 1 把、斜口钳 1 把、剥线钳 1 把、压线钳 1 把、尖嘴钳 1 把、线槽剪 1 把、卷尺 1 把）	—	2~3 人
电气元器件 [2P 断路器 1 个、1P 断路器 1 个、中间继电器 5 个、时间继电器 2 个、按钮 2 个、按钮盒 1 个、PLC 1 个、触摸屏 1 个、稳压电源 1 个、接线端子（灰色）42 片、接地端子（黄绿色）1 片、端板 2 片、短接片若干]	—	

6. 实训耗材

材料名称	数量/个	每组人数
电气辅料（线槽2.5米、导轨0.6米、接线端头若干、固定螺丝若干、线号管若干）	—	2~3人
导线（蓝色、红色各2米，黑色10米）	—	

7. 实训步骤

步骤1：电气布置图识图、原理图、接线图识读。

回顾以前的知识，我们学习了电气成套图纸主要包括电气原理图、电气接线图、电气布置图，以及系统图、大样图等。

（1）布置图识读

在工程实际中，电气元器件需要布局安装在电气控制柜内的安装板上，安装板的大小及电控柜的大小均由电气控制系统中元器件的数量、尺寸及安装方式决定。鉴于本教材用于教学，本节将以基本机床控制电路为例，以教学专用安装网孔板作为安装板，进行电气布局图的设计，图5-2-1为物料提升系统布局图。

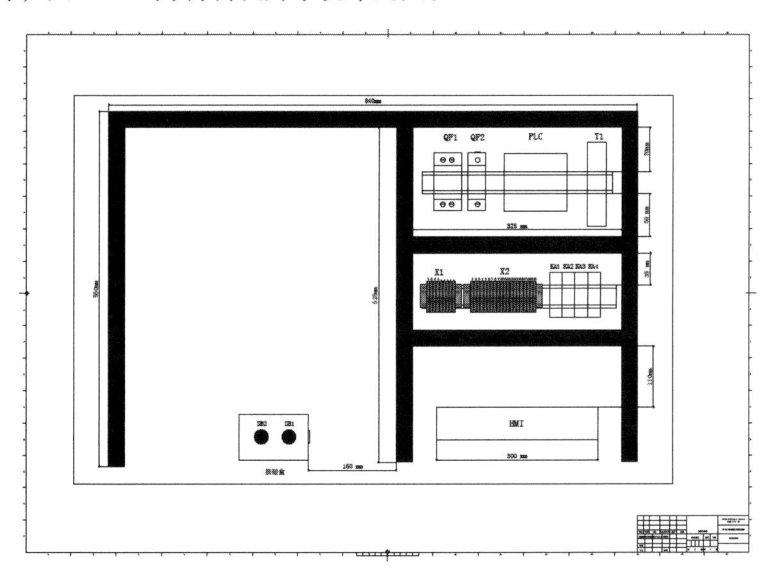

图5-2-1 物料提升系统布局图

（2）电气接线图识读

电气接线图是根据电气设备和电器元件的实际情况进行绘制的，更直观地显示电气控制系统电气设备、电气元器件的连接关系，也是内线电工柜内接线的图纸依据。

图5-2-2为物料提升系统接线图，接线流程由教师引导学生梳理一遍。

(a)

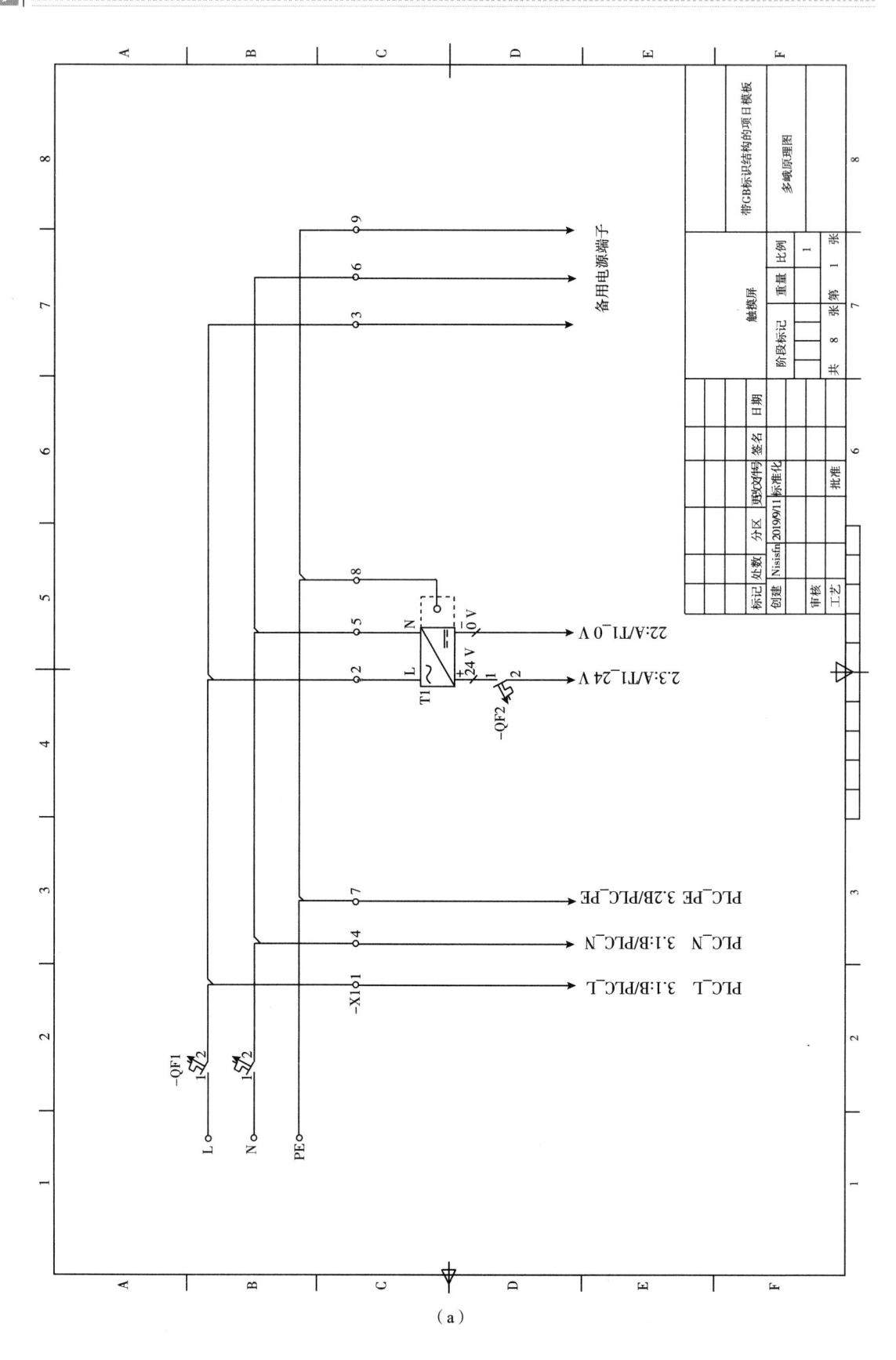

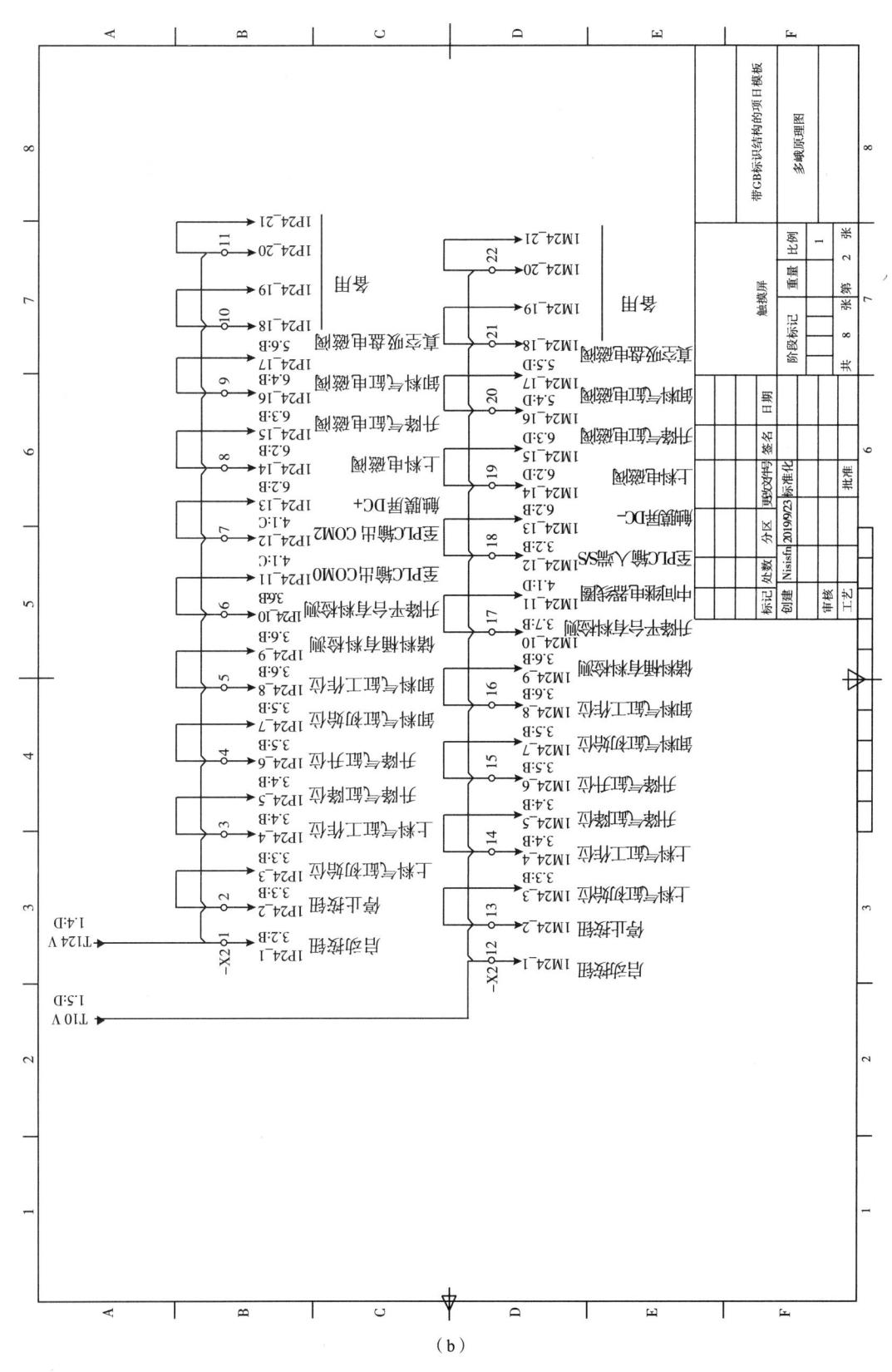

图 5-2-2

(c)

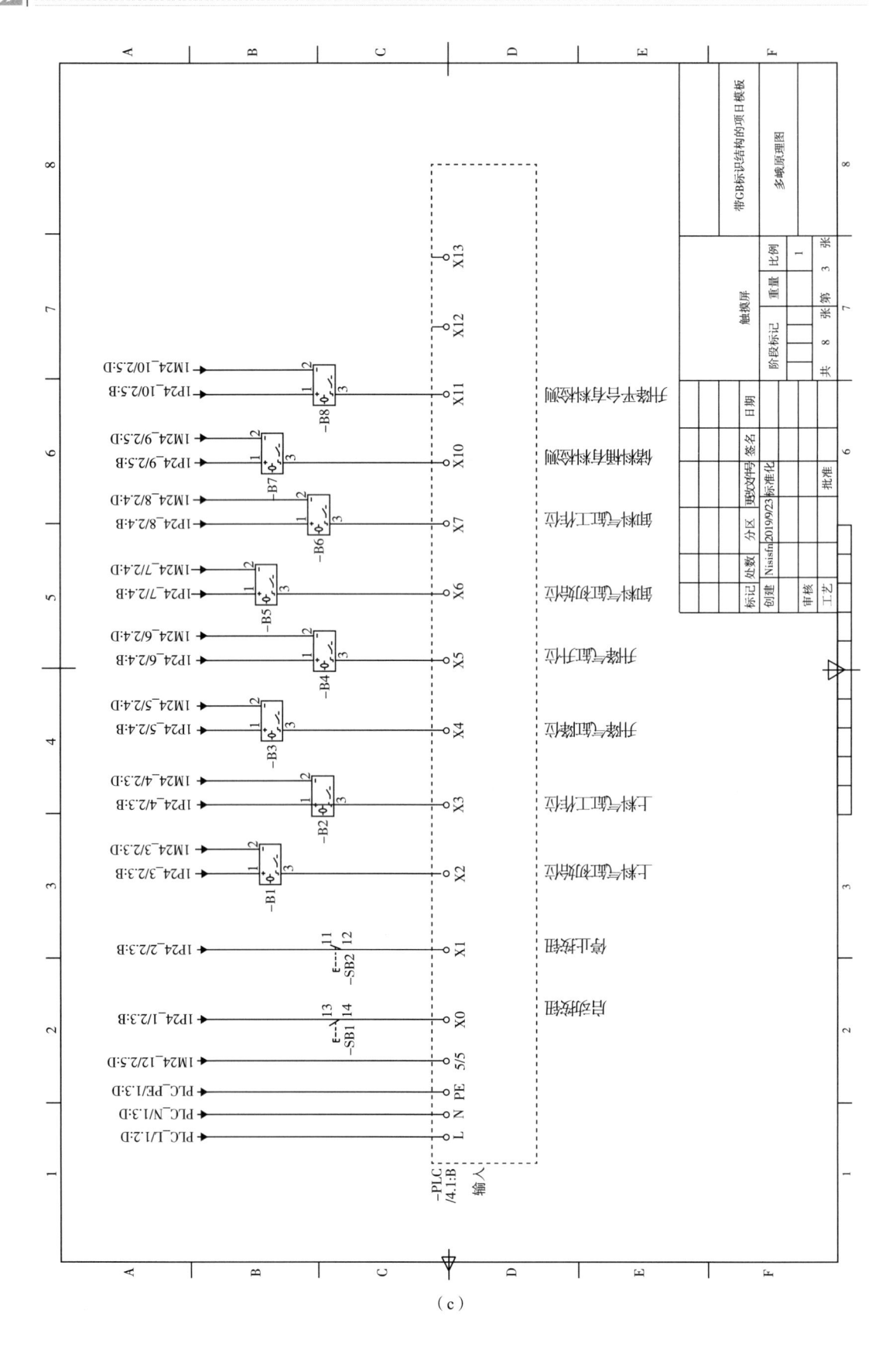

(d)

图 5-2-2

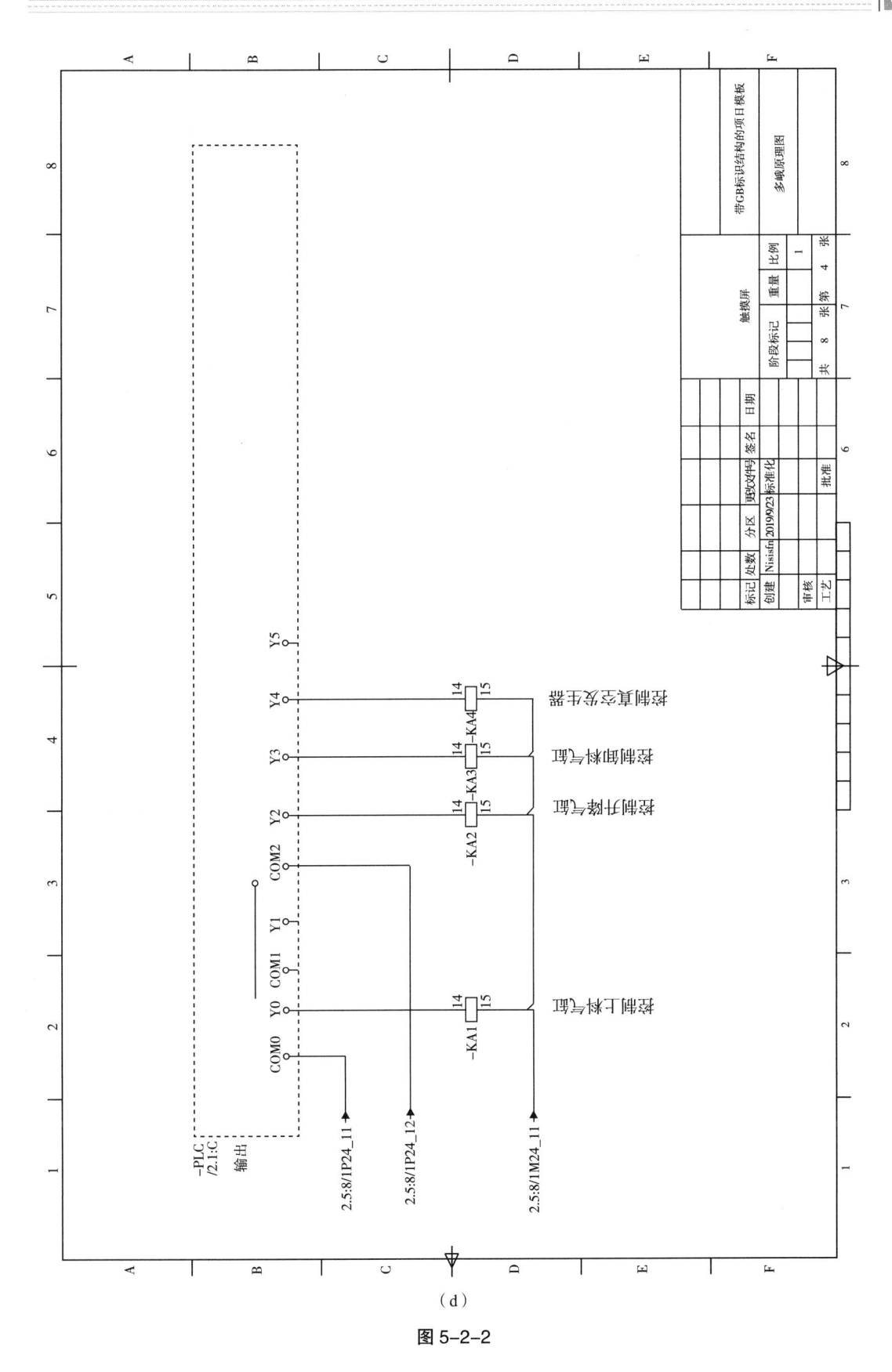

(e)

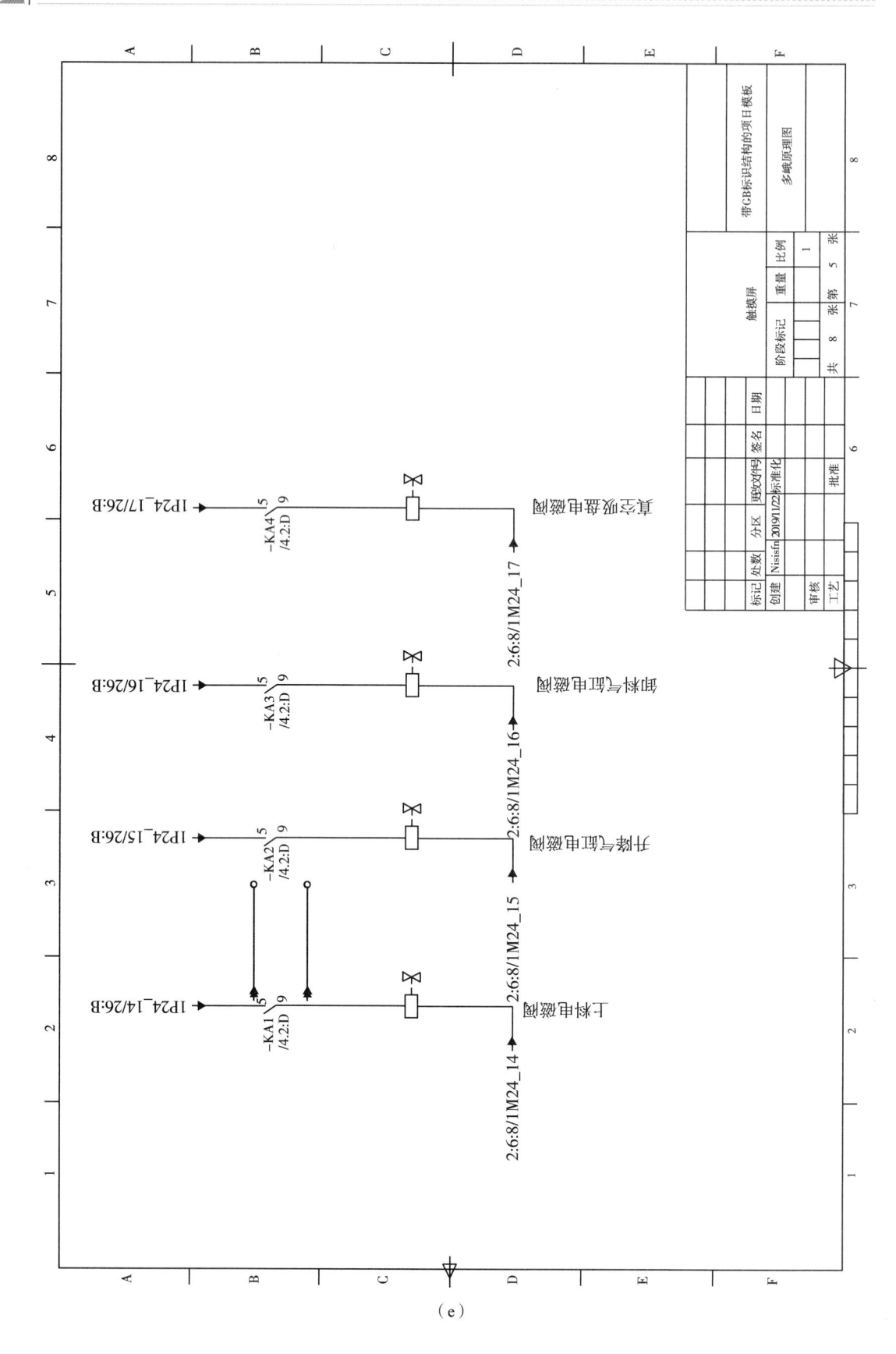

(f)

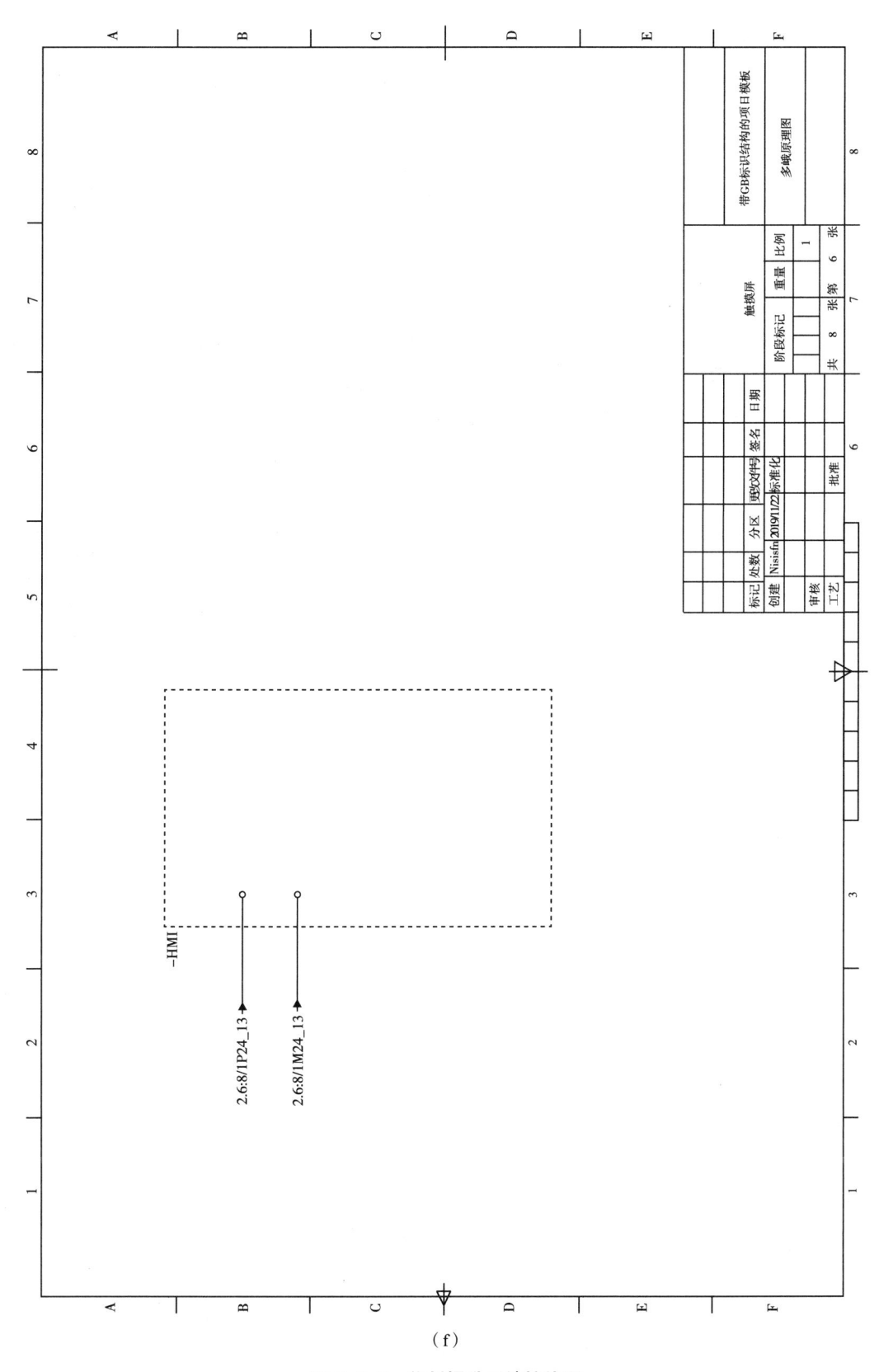

图 5-2-2 物料提升系统接线图

①教师根据电气接线图,总体上讲解物料提升系统的接线流程。

②学生根据电气接线图,分组讨论,简述物料提升系统的接线流程,并由教师进行评定,成绩记录在表 5-2-1 中。

表 5-2-1　电气接线流程叙述成绩表

优秀(90分以上)	良好(75~90分)	合格(60~75分)	不及格(60分以下)

步骤 2:以小组为单位,领取调试工具。

表 5-2-2、表 5-2-3 分别为元器件、耗材领取表以及工具领取表。元器件、耗材以及工具为一次性领取,领取后,检查是否数量一致、是否完好无损,然后填写在相应的表中。元器件、耗材以及工具每天不收回,但学生需保管好,可放入实训台抽屉里面保存。领取工具后需填写工具领取表;做完实验,需回收,填写工具回收表。

表 5-2-2　电气元件及耗材领取表

名称	代号	型号	品牌	数量(个)	备注	数量是否一致、元器件是否完好无损
断路器	QF1	2P(10A)	德力西	1	10A	
断路器	QF2	1P(10A)	德力西	1	10A	
中间继电器	KA			5	24V	
时间继电器	KT1/KT2	JS14P	正泰	2	电压 AC 380V,延时 99s	
绿色按钮	SB1	—	—	1	启动按钮	
红色按钮	SB2	—	—	1	停止按钮	
2 孔按钮盒	—	—	—	1	安装 HL1 与 HL2 指示灯	
PLC	—	—	三菱	1		
触摸屏	—	—	昆仑通态	1		
稳压电源	—	—	—	1	输出 24V 电源	
螺丝	—	M4	—	若干	每个元器件、线槽、导轨最多装 2 颗螺丝	
螺母	—	M4	—	若干	—	
接线端子(灰色)				42		
接地端子(黄绿色)				1		
端板	—	—	—	2 片	—	

线号管、导线、线槽、导轨、接线端头在实训教师处按实际需求领取。

表 5-2-3　工具领取表

小组成员姓名：

领取时间（填第一天做实验时间）：

名称	数量（个）	是否完好无损
数字万用表	1	
一字螺丝刀（大的 5mm）	1	
一字螺丝刀（小的 3.2mm）	1	
十字螺丝刀（大）	1	
十字螺丝刀（小）	1	
斜口钳	1	
剥线钳	1	
压线钳	1	
尖嘴钳	1	
线槽剪	1	
卷尺	1	

步骤 3：根据电气布置图，将电气元器件摆放到相应位置。

电气布置图见图 5-2-1，前面我们说过了布置图能很好地反映元器件的位置、尺寸和布置。

步骤 4：根据电气布置图截取导轨、线槽。

①根据电气布置图 5-2-1，截取导轨长度为 300mm，摆放到网孔板上。

②根据电气布置图 5-2-1，截取线槽长度分别为 550mm、350mm，转角用线槽剪剪成 45°，摆放到网孔板上。

布置完成后由实训老师检查并打分，然后将成绩填入表 5-2-4 中，打完分后才可进行下一步。

表 5-2-4　元器件布置成绩表

优秀（90 分以上）	良好（75~90 分）	合格（60~75 分）	不及格（60 分以下）

步骤 5：电气设备的固定安装。

①确定导轨线槽距离后，利用螺钉固定线槽和导轨。

②导轨线槽固定完毕后，将电气元器件固定导轨上，将按钮盒打开后，固定到安装板上；非卡导轨的元器件安装，最多使用 2 颗螺钉固定。

安装完成后，由实训老师检查并打分，成绩填入表 5-2-5 中，打完分后才可进行下一步。

表 5-2-5　元器件安装成绩表

优秀（90 分以上）	良好（75~90 分）	合格（60~75 分）	不及格（60 分以下）

注意：打开按钮盒的 4 颗螺丝钉一定要妥善保管，严禁丢失！若出现丢失现象，成绩不合格！

PLC 安装时注意：直接安装在导轨上即可，如图 5-2-3 所示为导轨安装方式。

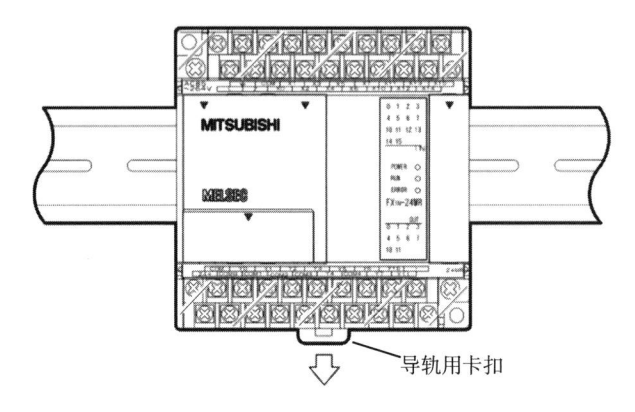

图 5-2-3　导轨安装方式

PLC 电源：使用的是 220V 交流电源对 PLC 供电，L 接火线，N 接零线，PE 接地线。输入、输出端使用的是 24V 直流电源（从稳压电源端引出 24V 直流电源，具体看图纸）。

触摸屏安装时注意：安装前注意螺钉前端需与外挂钩边缘基本持平，如图 5-2-4 所示为触摸屏安装方式。

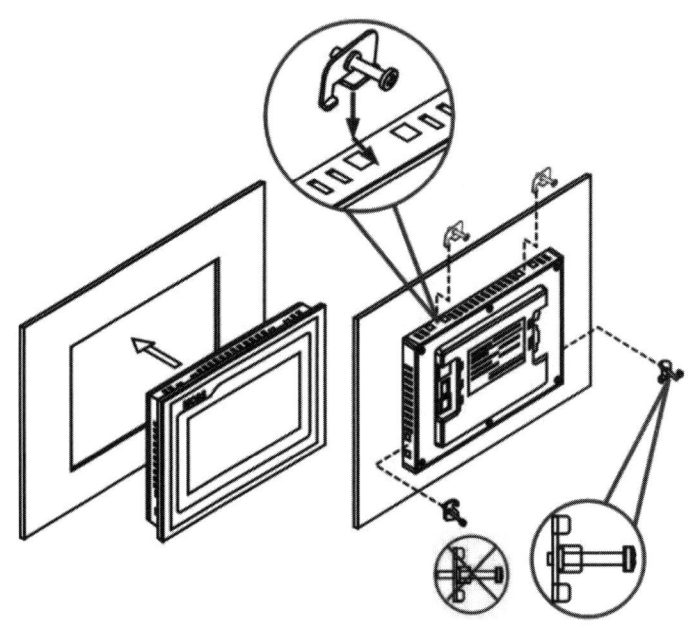

图 5-2-4　触摸屏安装方式

触摸屏电源：仅限24V直流电源给触摸屏供电（从稳压电源端引出24V直流电源，具体看图纸）。

步骤6：打印线号。

①安装结束后，利用数字万用表检测，辨别中间继电器的常开触点标号、常闭触点标号、线圈标号；将相应标号填入表5-2-6中。

表5-2-6 元器件标号表

断路器	输入端标号	
	输出端标号	
中间继电器	常开触点标号	
	常闭触点标号	
	线圈标号	
稳压电源	输入端标号	
	输出端标号	

②根据表5-2-6，我们再把线号表补充完整，再统计需要打印线号的数量。

1）线号制作原理：元器件+连接点作为线号。

2）填写表5-2-7。

表5-2-7 线号表

元器件符号	元器件名称	输入端线号	输出端线号
QF1			
QF2			
PLC			
SB1			
SB2			
B1			
B2			
B3			
B4			
B5			
B6			
B7			
B8			
B9			

续表

元器件符号	元器件名称	输入端线号	输出端线号
B10			
KA1			
KA2			
KA3			
KA4			
Y1	上料电磁阀		
Y2	反转电磁阀		
Y3	升降电磁阀		
Y4	卸料电磁阀		

③根据电气接线图，统计需要打印的线号数字及每个线号需要打印的个数，填入表5-2-8中。

注意：每根线需要套两个线号，一端一个；线号数值及数量一定要统计准确，否则将影响线路的检查和调试。

表 5-2-8 线号数量表

线号数值	线号数量	线号数值	线号数量

④填写完线号统计表后，到指导教师处申请检查统计情况，正确无误后按照统计表打印线号。

注意：打印好的线号数量是一一对应的，勿随意乱扔！否则予以扣分！

步骤7：接线。

由于接线和布线要求在上学期的安装接线中已详细地讲解过，此部分仅作简述。

①接线严格按电气接线图施工，正确地接到指定的接线端子上。

②接线应排列整齐、清晰、美观，导线绝缘良好、无损伤，长度有适当余量。

③连接导线端部采用"压接端子"，俗称"线鼻子"。除了PLC的输入和输出端（X、Y）、中间继电器（KA1、KA2、KA3、KA4、KA5）、按钮（SB1、SB2）这三部分，其余部分的接线都使用U型插接线。

④每个接线端子的每侧接线宜为1根，不得超过2根。不同截面的两根导线不得接在同一端子上。

⑤电气元件的工作电压应与供电电源电压相符，元器件的金属外壳必须有可靠接地。

⑥火线采用红色线，零线采用蓝色线，控制电路用黑色导线（也可采用棕色导线），接地用黄绿导线。

⑦按图施工接线正确；电气回路接触良好；配线横平竖直，整齐美观。

⑧导线布置在线槽中，弯头处用手弯成圆角，力求做到横平竖直。

触摸屏接线时如图 5-2-5 所示。

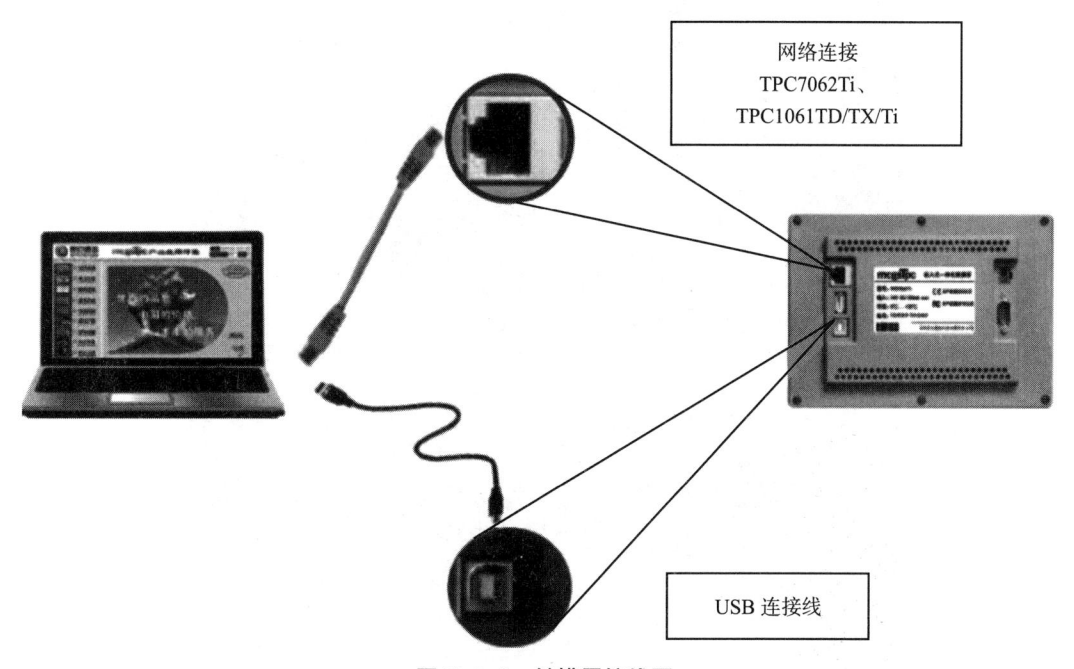

图 5-2-5　触摸屏接线图

触摸屏电源接线时注意：

①触摸屏电源仅限 24V 直流电源供电。

②将 24V 电源线剥线后插入电源插头接线端子中。

③使用一字螺丝刀将电源插头螺钉锁紧。

④将电源插头插入触摸屏的电源插座。

电源插头示意图及引脚定义如图 5-2-6 所示。

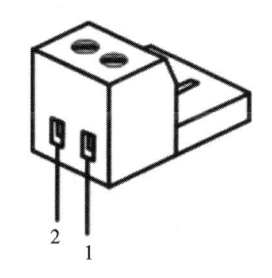

PIN	定义
1	+
2	-

图 5-2-6　电源插头及引脚定义

根据电气接线图完成接线，接线完成后如图 5-2-7 所示。

图 5-2-7 接线完成图

接线完成后,由实训老师检查并打分,成绩填入表 5-2-9 中,打完分后才可进行下一步。

表 5-2-9 接线成绩表

优秀(90分以上)	良好(75~90分)	合格(60~75分)	不及格(60分以下)

步骤 8:线路检查。

①将数字万用表打到短路测试挡,将红、黑表笔短接,检测数字万用表是否正常。

②用数字万用表检测相同线号之间的连接是否接触良好,也可以用手轻轻拨动,看是否牢固。

③用数字万用表检测相同线号之间是否又是通路(通路为正常)。检测不同线号之间是否又是通路(通路为不正常)。

④用数字万用表检测不同颜色的线号两两之间是否有短路现象（无短路现象为正常）。

⑤检查网孔板与导线是否有接触。用数字万用表检测断路器进出线端的每个端子与网孔板之间是否有短路现象。

⑥本项目中每个线号逐一检查。

思考：经过检测，颜色相同的导线是否均为通路？

步骤 9：PLC 程序编写。

针对复杂问题，我们都是将问题分解成简单步骤，对单个步骤逐步设计，最后将程序进行系统的融合和调试。

本步骤的设计目标：4 个气缸分别按顺序动作，达到物料提升的目的，可分为 7 个部分。

（1）做一个总开关，作为启动条件

X000 和 X001 分别为按钮盒上的启动按钮和停止按钮；M1 和 M2 分别为触摸屏上的启动按钮和停止按钮；输出的 M0 作为总控制条件，完成表 5-2-10。

表 5-2-10　启动条件 I/O 地址分配表

输入		输出	
X000	启动按钮	M0	启动条件

完成启动条件 I/O 地址分配表后，我们可以将程序写出来，参考程序如图 5-2-8 所示。

图 5-2-8　做一个总开关

（2）控制上料气缸动作，将物料从储料桶推出去

根据图纸可以知道，Y000 是控制上料气缸动作的输出，将控制上料气缸动作的条件

列出来作为输入,完成表 5-2-11。

表 5-2-11 上料气缸 I/O 地址分配表

输入		输出	
M0	启动条件	Y000	控制上料气缸

完成上料气缸 I/O 地址分配表后,就知道输出的 Y000 控制上料气缸动作,输入的条件为:只有当上料气缸和反转气缸都处于初始位置,并且储料桶里包含物料,升降平台没有物料的时候,上料气缸才可以动作,参考程序如图 5-2-9 所示。

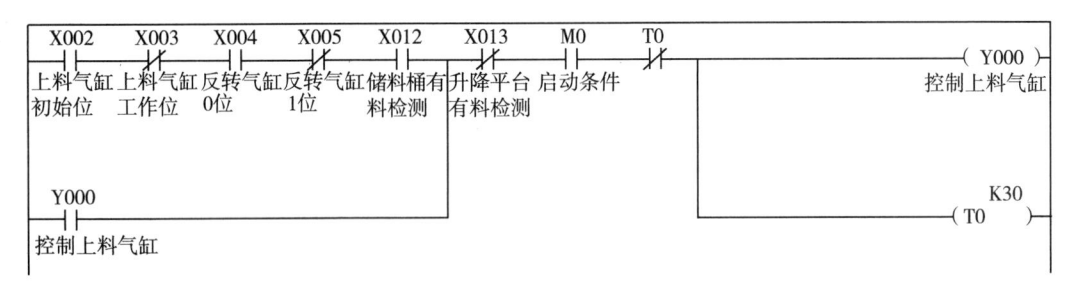

```
X002    X003    X004    X005    X012    X013    M0      T0
─┤├─────┤/├─────┤├─────┤/├─────┤├─────┤/├─────┤├─────┤/├────────────────( Y000 )
上料气缸 上料气缸 反转气缸 反转气缸 储料桶有 升降平台 启动条件              控制上料气缸
初始位   工作位   0位      1位      料检测   有料检测

 Y000                                                                    K30
─┤├─                                                                   ( T0 )
控制上料气缸
```

图 5-2-9 控制上料气缸动作

思考:
①需要满足哪些条件,才能使上料气缸有推料动作(Y000为1的信号)?
②条件满足后,怎样才能使上料气缸一直保持推料的动作呢(Y000一直保持为1的信号)?
③在程序中,是怎么把上料气缸收回的(Y000保持0的信号)?

(3)控制反转气缸动作,将气缸旋转到物料上方

同样的方法,根据图纸可以知道,Y002 是控制反转气缸动作的输出,将控制反转气缸动作的条件列出来作为输入,完成表 5-2-12。

表 5-2-12　反转气缸 I/O 地址分配表

输入		输出	
M0	启动条件	Y002	控制反转气缸

输出的 Y002 控制反转气缸动作，只有当反转气缸处于 0 位，升降气缸处于降位的时候，反转气缸才可以动作，参考程序如图 5-2-10 所示。

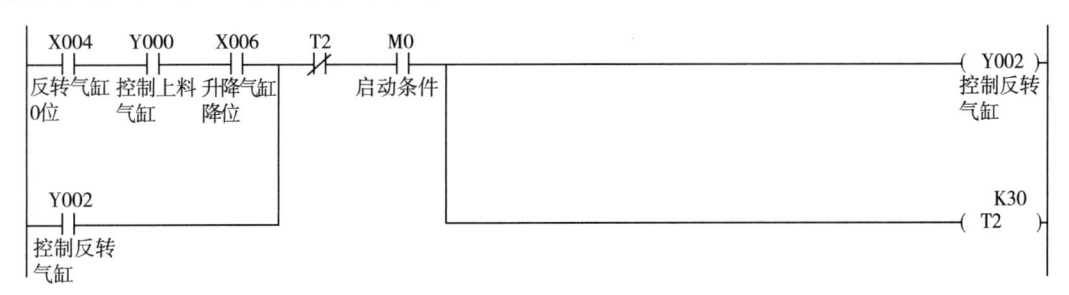

图 5-2-10　控制反转气缸动作

思考：
①需要满足哪些条件，才能使反转气缸有反转的动作（Y002为1的信号）？
②Y000作为条件之一的原因是什么？
③Y002是否需要自锁？
④Y002是靠什么作为停止开关的？

（4）气缸到达物料上方后，吸取物料，将物料带到卸料区

同样的方法，根据图纸可以知道，Y005 是吸取物料动作的输出，将控制吸取物料动作的条件列出来作为输入，完成表 5-2-13。

表 5-2-13　吸取物料 I/O 地址分配表

输入		输出	
M0	启动条件	Y005	吸取物料

输出的 Y005 控制吸取物料，只有当反转气缸处于 1 位，并且升降平台没有物料的时

候，吸盘才可以吸取物料，参考程序如图 5-2-11 所示。

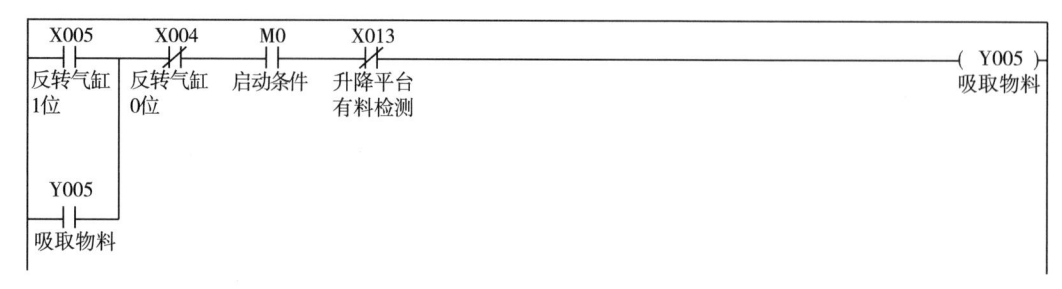

```
X005      X004      M0       X013                                    ( Y005 )
反转气缸   反转气缸   启动条件   升降平台                                 吸取物料
1位       0位                有料检测

Y005
吸取物料
```

图 5-2-11　吸取物料

> **思考：**
> ①反转气缸处于1位的时候，吸取物料，那处于0位的时候，应该是什么状态？
> ②为什么升降平台在没有物料的时候，才能吸取物料？

（5）第二次控制反转气缸动作，避免妨碍升降气缸动作

同样的方法，根据图纸可以知道，Y002 是控制反转气缸动作的输出，将控制反转气缸动作的条件列出来作为输入，完成表 5-2-14。

表 5-2-14　反转气缸 I/O 地址分配表

输入		输出	
M0	启动条件	Y002	控制反转气缸

参考程序如图 5-2-12 所示。

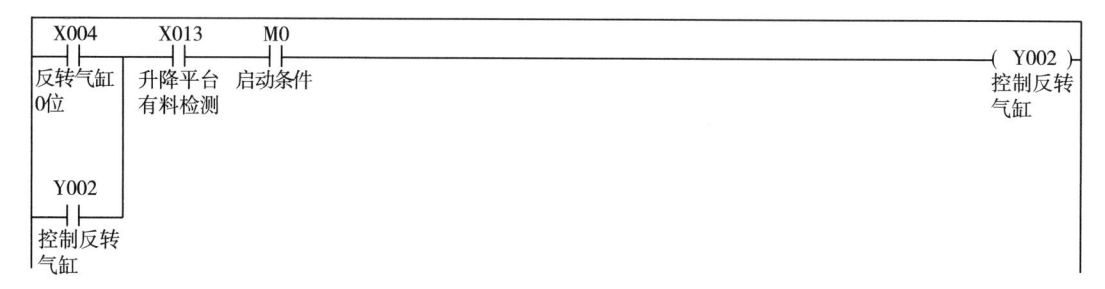

```
X004      X013      M0                                              ( Y002 )
反转气缸   升降平台   启动条件                                         控制反转
0位       有料检测                                                    气缸

Y002
控制反转
气缸
```

图 5-2-12　第二次控制反转气缸动作

> **思考：**
> ①为什么要第二次控制反转气缸动作？
> ②需要满足哪些条件，才能使反转气缸有反转的动作（Y002为1的信号）？

（6）控制升降气缸动作，将物料提升

同样的方法，根据图纸可以知道，Y003 是控制升降气缸动作的输出，将控制升降气缸动作的条件列出来作为输入，完成表 5-2-15。

表 5-2-15 升降气缸 I/O 地址分配表

输入		输出	
M0	启动条件	Y003	控制升降气缸

此部分程序由学生独立编写，编写完成后由老师检查、指导。

（7）控制卸料气缸动作，卸载物料。

还是同样的方法，根据图纸可以知道，Y004 是控制卸料气缸动作的输出，将控制卸料气缸动作的条件列出来作为输入，完成表 5-2-16。

表 5-2-16 卸料气缸 I/O 地址分配表

输入		输出	
M0	启动条件	Y004	控制卸料气缸

此部分程序由学生独立编写，编写完成后由老师检查、指导。

PLC 程序编写完成后，由实训老师检查并打分，成绩填入表 5-2-17 中，打完分后才可进行下一步。

表 5-2-17 PLC 程序编写成绩表

优秀（90 分以上）	良好（75~90 分）	合格（60~75 分）	不及格（60 分以下）

步骤 10：触摸屏画面设计

本步骤的设计目标：

按下按钮 M1，将总启动开关 M0 导通，物料提升系统开始工作。

按下按钮 M2，将总启动开关 M0 断开，物料提升系统停止工作。

当响应的气缸开始动作的时候，屏幕上对应气缸的指示灯亮起。

①打开触摸屏编程软件，新建工程，将工程另存为"触摸屏设计"，如图 5-2-13 所示。

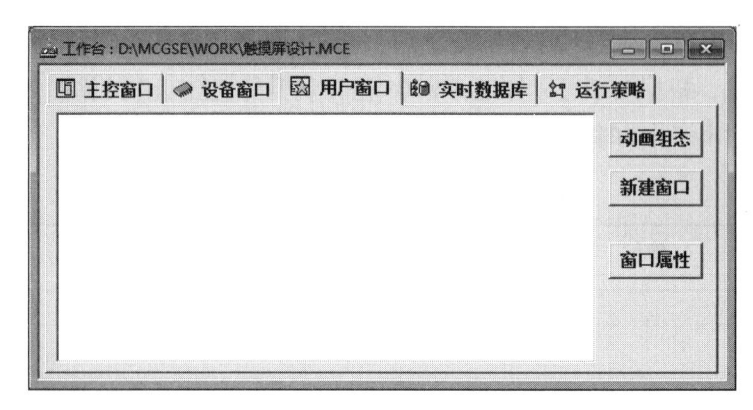

图 5-2-13　新建工程

②在设备窗口，确定父设备、子设备，如图 5-2-14 所示。

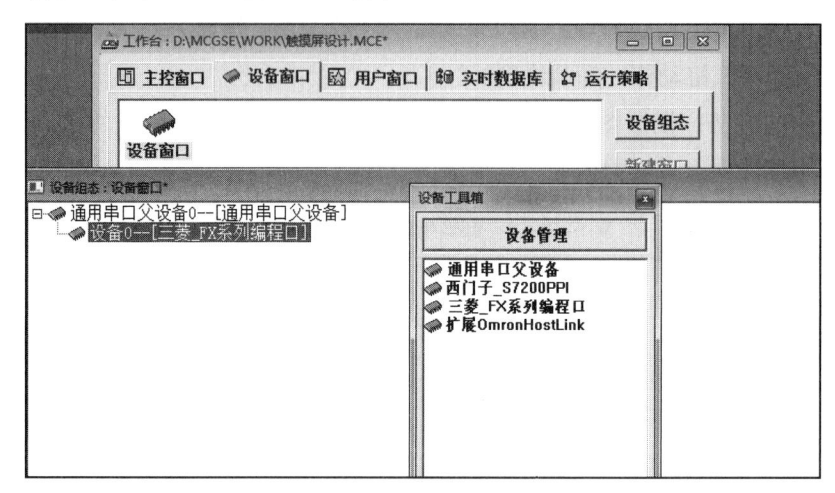

图 5-2-14　设置父设备和子设备

③在用户窗口新建窗口，并在窗口属性中修改名称为"触摸屏界面"，如图 5-2-15 所示。

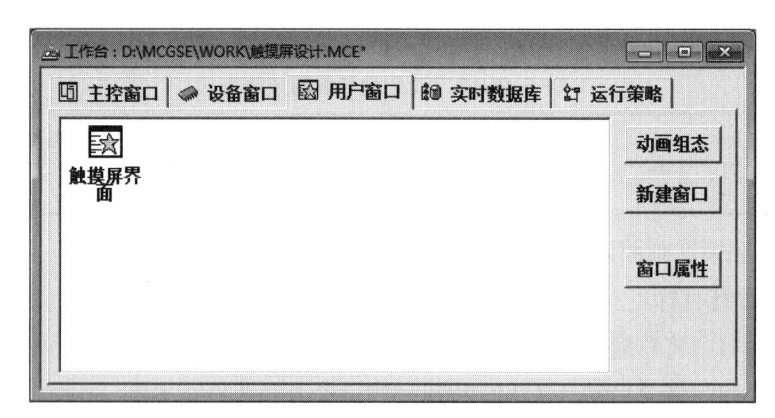

图 5-2-15　新建窗口

④设计 M1 按钮、M2 按钮，分别作为启动按钮和停止按钮。

设计对应气缸的指示灯，如图 5-2-16 所示。

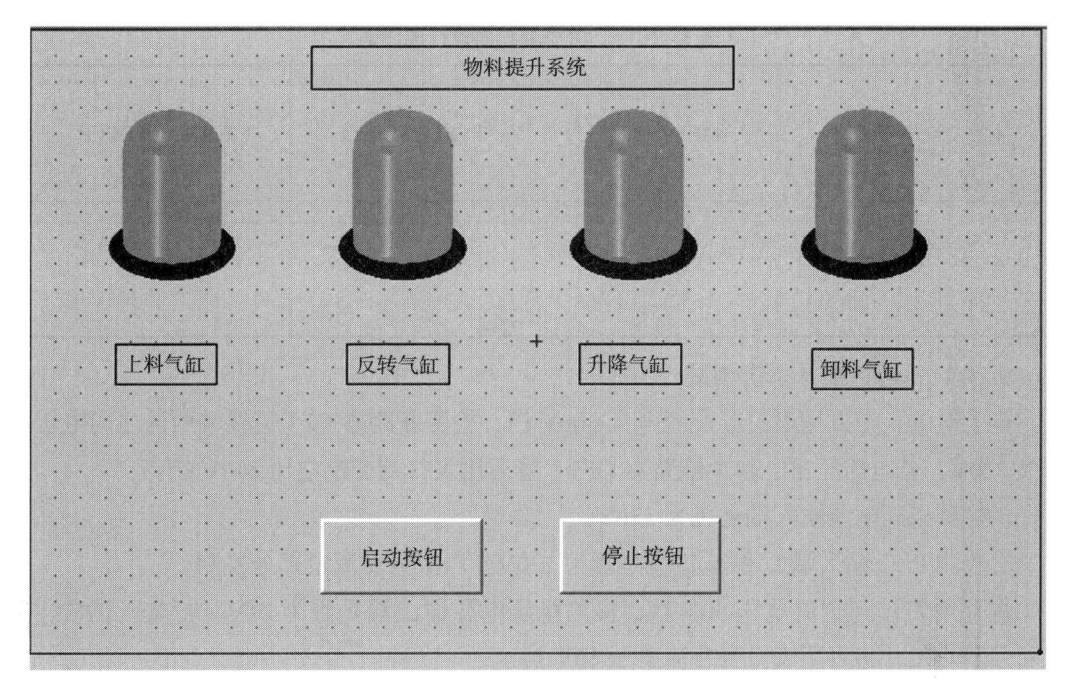

图 5-2-16 设计触摸屏界面

注：图形及位置仅供参考，实际操作可依据自己的想法设计。

⑤将程序下载到触摸屏中，如图 5-2-17 所示。

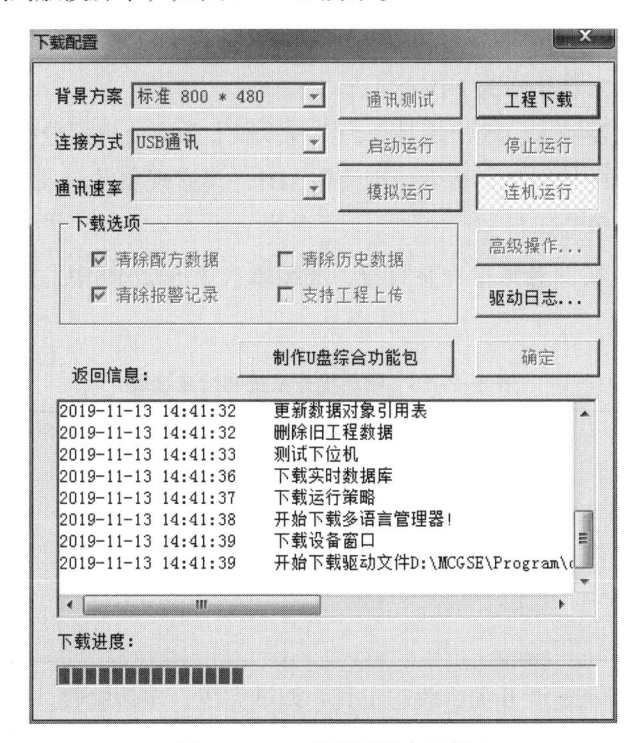

图 5-2-17 触摸屏程序下载

触摸屏画面设计完成后，由实训老师检查并打分，成绩填入表 5-2-18 中，打完分后才可进行下一步。

表 5-2-18　触摸屏画面设计成绩表

优秀（90分以上）	良好（75~90分）	合格（60~75分）	不及格（60分以下）

步骤 11：物料提升系统调试

接上电源，将万用表打到交流电压 600V 挡，检测断路器 QF1 进线端两两之间电压是否为 220V。若电压正常，合上断路器 QF1，将万用表打到交流电压 600V 挡：

①检测稳压电源输入端是否为 220V；

②检测 PLC 输入端 L 和 N 进线是否为 220V。以上为交流电部分检测。

将万用表打到直流电压 60V 挡，检测稳压电源输出端是否为 24V。若电压正常，合上断路器 QF2，将万用表打到直流电压 60V 挡：

①检测断路器 QF2 输入输出端是否为 24V；

②检查端子排使用短接片连接部分是否通路（通路为正常）且为 24V，非短接片连接部分是否接通（未接通为正常）；

③检测 PLC 输入、输出端是否为 24V；

④检测触摸屏输入端是否为 24V；

⑤检测中间继电器输入、输出端是否为 24V。以上为直流电部分检测。

在实训老师陪同的情况下，按下启动按钮 SB1，观察现象并记录。实训完毕，按下停止按钮 SB2，停止系统的运行。

调试完成后，由实训老师检查并打分，成绩填入表 5-2-19 中，打完分后才可进行下一步。

表 5-2-19　物料提升系统调试成绩表

优秀（90分以上）	良好（75~90分）	合格（60~75分）	不及格（60分以下）

步骤 12：关闭所有电源开关，收起工具，调试完成，申请验收。

步骤 13：总结调试过程，编写电机正反转电路调试方案。

注：实训结束后，将配好的盘放在指定位置，对各自的配盘做好标记并保管好。

所有配盘完成后，工具整齐摆放，确认完好无损后归还，实训台收拾整齐、干净，并结合以上打分的成绩表，由实训老师检查综合打分，成绩填入表 5-2-20 中。

表 5-2-20　物料提升系统总成绩表

优秀（90分以上）	良好（75~90分）	合格（60~75分）	不及格（60分以下）

8. 实训问答

（1）根据电气接线图，Y000、Y002、Y003、Y004、Y005 分别输出的是什么？

（2）PLC 输入端电源是多少 V？输出端电源是多少 V？

（3）触摸屏输入电源是多少 V？

（4）简述物料提升系统的工作流程。

（5）把 PLC 编写的程序写在下方。

任务完成报告

姓名		学习日期	
任务名称	物料提升系统设计实施		
学习自评	考核内容	完成情况	
	1. 电气接线流程叙述	□好 □良好 □一般 □差	
	2. 元器件布置	□好 □良好 □一般 □差	
	3. 元器件安装	□好 □良好 □一般 □差	
	4. 接线	□好 □良好 □一般 □差	
	5. PLC 程序编写	□好 □良好 □一般 □差	
	6. 触摸屏画面设计	□好 □良好 □一般 □差	
	7. 物料提升系统调试	□好 □良好 □一般 □差	
学习心得			